지식 제로에서 시작하는 과학 개념 따라잡기

주기율표의 핵심

Newton Press 지음
사쿠라이 히로무 감수
전화윤 옮김

청어람e

NEWTON SHIKI CHO ZUKAI SAIKYO NI OMOSHIROI !! SHUUKIHYOU

www.newtonpress.co.jp

들어가며

러시아의 화학자 드미트리 멘델레예프(1834~1907)는 화학 교과서를 집필하면서 어떤 방법으로 원소를 소개하면 좋을지 고민했다. '계속해서 발견되는 원소들을 어떻게 정리할 것인가?'라는 문제는 당시 화학자들 사이에서도 논의의 중심이었다. 그런데 그가 이미 발견된 원소를 가벼운 순서대로 적어보니 어떠한 규칙성이 숨어 있는 듯했다.

여기서 멘델레예프는 이름을 하나하나 적어가며 원소를 설명하는 데 맞춤한 정리법을 찾았다. 그리고 1869년 마침내 결정판이라 할 수 있는 원소 일람표를 발표했다. 이것이 세계 최초의 원소 '주기율표'다.

이 책은 주기율표와 총 118개의 모든 원소를 즐겁고 편하게 배울 수 있도록 만드는 데 초점을 맞췄다. 재미있는 주제를 다양하게 다루어 누구든 흥미 있게 읽을 수 있도록 구성했다. 읽다 보면 주기율표에 정리된 118개의 원소가 분명 친숙하게 느껴질 것이다. 자, 지금부터 주기율표에 푹 빠져보자!

차례

제2장 주기율표를 읽어보자!

제3장 총 118개 원소 전격 해부

제3주기

제4주기

제5주기

제6주기

제7주기

원소 주기율표

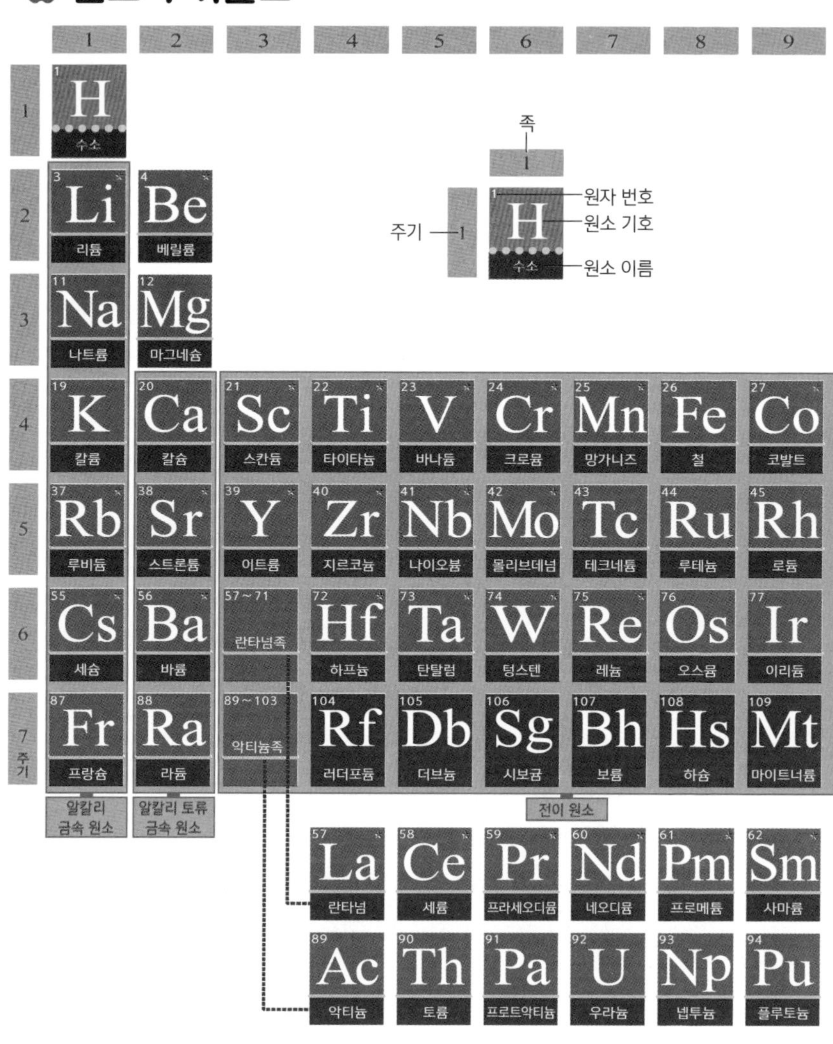

- **금속**으로 분류되는 원소
- **비금속**으로 분류되는 원소
- ★ **희소 원소(rare metal)**로 불리는 원소

- ······ 단위가 기체인 원소(25℃, 1기압)
- 〰 단위가 액체인 원소(25℃, 1기압)
- ── 단위가 고체인 원소(25℃, 1기압)

주 : 104번 이후 원소의 성질은 불확실하다. 희소 원소의 명확한 정의는 없다. 이 책에서는 일본 국립물질·재료연구기구(NIMS) 웹사이트(https://www.nims.go.jp/research/elements/rare-metal/study/index.html)를 참고했다.

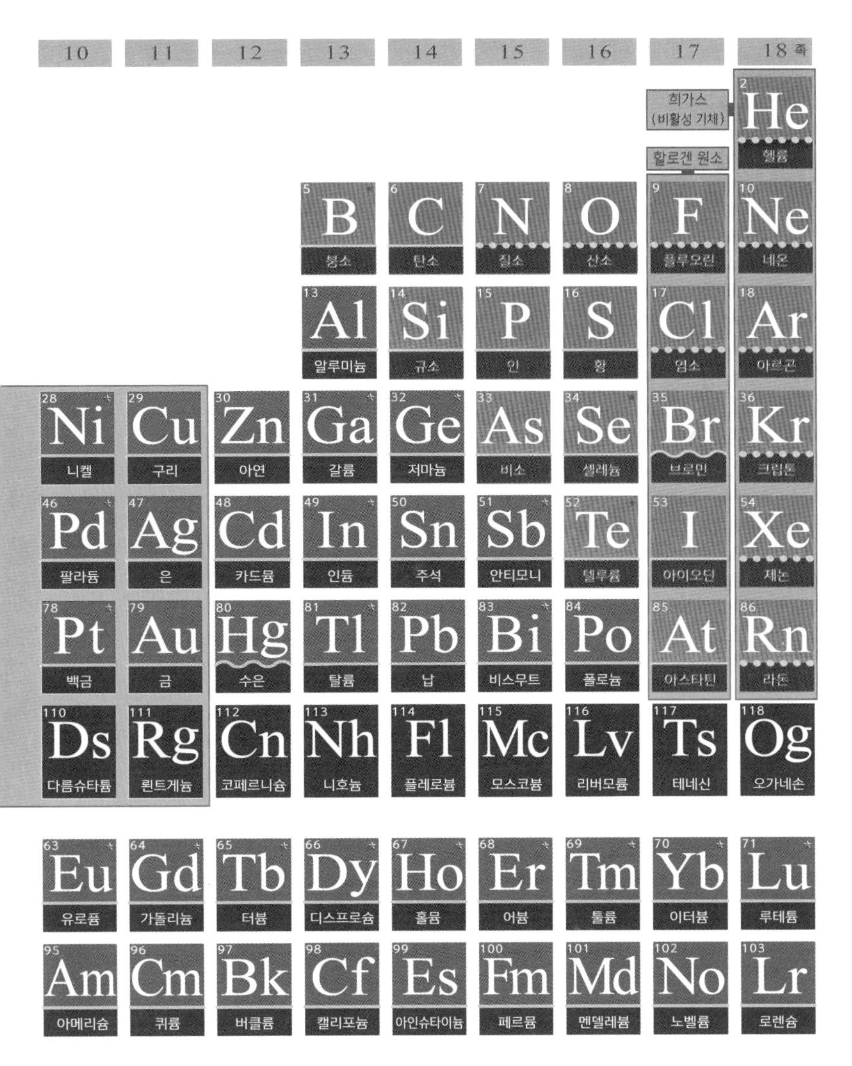

알칼리 금속 원소…수소를 제외한 1족 원소. 반응성이 높고 1가 양이온이 되기 쉽다.
알칼리 토류 금속 원소…베릴륨(Be)과 마그네슘(Mg)을 제외한 2족 원소. 2가 양이온이 되기 쉽다.
전이 원소…3~11족 원소. 같은 줄(같은 주기)에 있는 원소로 성질이 비슷하다.
할로겐 원소…17족 원소. 다른 물질로부터 전자를 빼앗는 힘이 강해 1가의 음이온이 되기 쉽다.
희가스(비활성 기체)…18족 원소. 다른 원자와의 화합물을 거의 만들지 않는다.
희토류 원소(rare earth elements)…스칸듐(Sc)과 이트륨(Y)에 란타넘족 원소 15개를 더한 원소이다.

제1장 주기율표란 무엇일까?

2019년 6월 1일을 기준으로 만들어진 주기율표에는
원소 118개가 등재되어 있다.
제1장에서는 주기율표란 무엇인지,
주기율표는 어떻게 탄생했는지 알아보자.

1 만물은 무엇으로 만들어져 있을까? 해답 중 하나가 주기율표

원소 기호가 순서대로 정리되어 있다

아래의 표가 원소의 '주기율표'다. 원소란 원자의 종류를 말한다 (원소 이름이 표기된 주기율표는 8~9쪽). **표에 적힌 알파벳은 원소를 기호로 나타낸 '원소 기호'다.** 원소 기호는 표 왼쪽부터 오른쪽으로 번호 순서대로 쓰여 있다. 여기서 번호는 '원자 번호'라고 불린다.

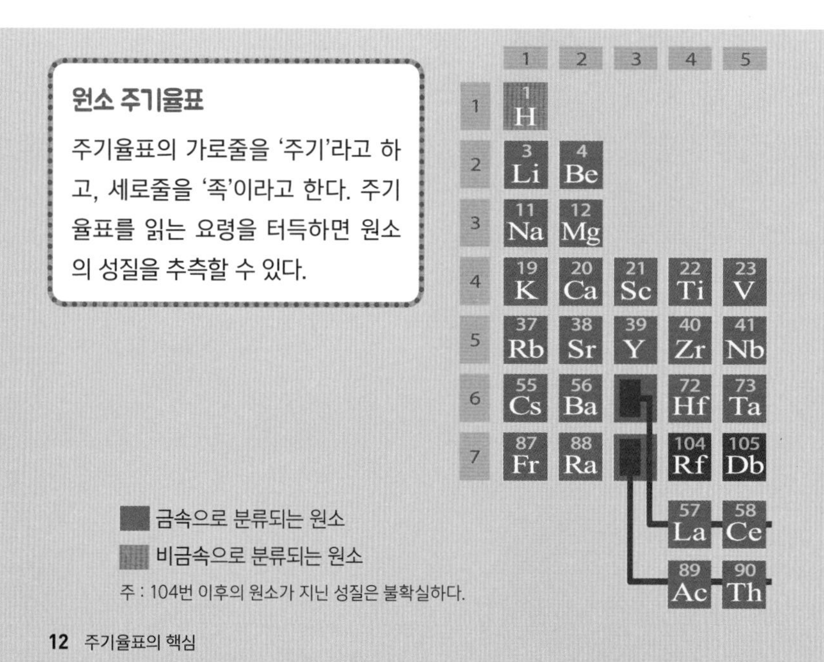

❖ 주기율표를 이해하는 것은 자연계를 이해하는 것

'만물은 무엇으로 이루어져 있을까?' 이 질문에 답하는 것은 기원 전부터 인류의 꿈이었다. **원소 주기율표는 인류가 내놓은 답 중 하나라 할 수 있다.**

자연계의 일반적인 물질은 원자로 이루어져 있다. 아득히 먼 우주에서 빛나는 별도, 그 주위를 도는 행성도 원자로 되어 있다. 우리 인간을 비롯한 생물의 몸도, 우리 주변의 다양한 사물들도 원자로 구성되어 있다. 지구에 있는 것도 없는 것도, 생물도 무생물도 보통의 물질은 모두 원자라는 공통의 재료로 만들어진 것이다. **그러므로 주기율표를 이해하는 것은 자연계를 이해하는 일로 이어진다.** 자, 그럼 주기율표를 속속들이 알기 위해 여행을 떠나보자!

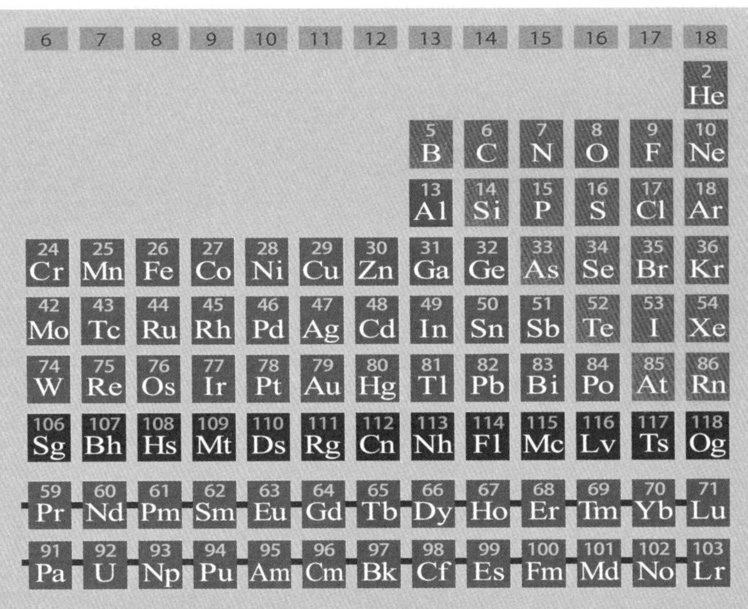

2 주기율표는 카드게임에서 탄생했다

아무도 원소를 정리하지 못했다

1869년 러시아 페테르부르크대학의 화학 교수 드미트리 멘델레예프는 집필 중이던 화학 교과서에 원소를 어떻게 소개해야 할지 고민하는 중이었다. 그 당시 63종류의 원소가 발견되어 있었지만, 누구도 그것을 정리하지 못하고 있었다.

어느 날 그는 원소의 무게(원자량)와 카드게임의 연관성을 깨닫는다. 하트, 스페이스 등의 그룹별로 점점 큰 숫자를 늘어놓는 카드게임이다. **그는 곧바로 카드 모양의 백지에 원소의 이름과 원자량 등을 적고 비슷한 성질을 가진 원소끼리 그룹별로 나눈 다음, 원자량이 작은 것부터 순서대로 늘어놓았다(주기율표의 '족'에 해당).** 그렇게 몇 번씩 다시 나열해간 끝에 비슷한 성질을 가진 원소가 주기적으로 나타난다는 사실(주기율표의 '주기'에 해당)을 발견하여 주기율표를 완성했다.

빈칸을 만들어 미지의 원소를 예언하다

멘델레예프의 뛰어난 점은 원소가 발견되지 않은 부분은 빈칸으로 두고 거기에 들어가야 할 원소의 원자량과 성질을 예언했다는 것이다. 실제로 1875년에 갈륨(Ga), 1879년에 스칸듐(Sc), 1886년에 저마늄(Ge)이 발견되어 놀랍게도 멘델레예프의 예언은 적중했다.

멘델레예프의 주기율표

멘델레예프의 주기율표는 발표 당시 빈칸이 있었기 때문에 일부 과학자들은 이를 인정하지 않았다. 그러나 예언이 적중하면서 그가 옳다는 사실이 증명되었다.

	I	II	III	IV	V	VI	VII	VIII		
1	H ≈1									
2	Li ≈7	Be ≈9.4	B ≈11	C ≈12	N ≈14	O ≈16	F ≈19			
3	Na ≈23	Mg ≈24	Al ≈27.3	Si ≈28	P ≈31	S ≈32	Cl ≈35.5			
4	K ≈39	Ca ≈40	? ≈44	Ti ≈48	V ≈51	Cr ≈52	Mn ≈55	Fe ≈56	Co ≈59	Ni ≈59
5	Cu ≈63	Zn ≈65	? ≈68	? ≈72	As ≈75	Se ≈78	Br ≈80			
6	Rb ≈85	Sr ≈87	Yt ≈88	Zr ≈90	Nb ≈94	Mo ≈96	? ≈100	Ru ≈104	Rh ≈104	Pd ≈106
7	Ag ≈108	Cd ≈112	In ≈113	Sn ≈118	Sb ≈122	Te ≈125	J ≈127			
8	Cs ≈133	Ba ≈137	Di ≈138	Ce ≈140	?	—	?	—	—	—
9	—	—	—	—	—	—	—			
10	?	—	Er ≈178	La ≈180	Ta ≈182	W ≈184	—	Os ≈195	Ir ≈197	Pt ≈198
11	Au ≈199	Hg ≈200	Tl ≈204	Pb ≈207	Bi ≈208	—	—			
12	?	—	—	Th ≈231	—	U ≈240	—	—	—	—

주 : 멘델레예프 주기율표의 Ⅲ족, 제8주기에 있는 디디뮴(Di)은 지금의 주기율표에는 없는 원소다. 1885년 디디뮴은 프라세오디뮴(Pr)과 네오디뮴(Nd)의 혼합물인 것으로 밝혀졌다.

자, 내 예언은 그 후로 어떻게 되었으려나.
주기율표의 빈칸은 전부 채웠나?

드미트리 멘델레예프(1834~1907)

3 주기율표는 150년간 진화를 거듭했다

주기율표가 틀렸다고 주장하는 이도 있었다

현재의 주기율표가 멘델레예프가 당시에 고안해낸 그대로인가 하면, 그렇지는 않다. **새로운 원소가 발견되면서 주기율표에도 다양한 수정이 이루어지고 있기 때문이다.**

1890년대에는 '분광분석법'이라는 새로운 방법으로 네온(Ne), 아르곤(Ar) 등의 새로운 원소가 잇달아 발견되었다. 이들 원소는 당시 알려진 어느 원소와도 성질이 달랐다. 그래서 과학자들은 고민에 빠졌고, 어떤 이들은 주기율표는 틀렸다고 주장하기도 했다. 그러나 주기율표에 새로운 족을 추가함으로써 주기율표에 새로운 원소를 통합할 수 있다는 사실을 알게 되었다.

주기율표는 화학의 '가이드맵'

멘델레예프가 주기율표를 작성한 당시 발견된 원소는 63개였다. 이것이 2019년 6월 1일 기준으로 118개로 늘었다.* **주기율표는 150년간 조금씩 모습을 바꾸면서도 대대적인 개정 없이 두 배에 가까운 원소를 통합하며 진화해왔다.** 현재도 최첨단 원소에 관한 연구를 반영하며 화학의 '가이드맵'으로서 중요한 역할을 하고 있다.

* 2019년은 멘델레예프의 주기율표가 발견된 지 150년째 되는 기념할 만한 해였다.

일본에서 발견된 113번 원소

2016년 11월 30일 주기율표에 113번 원소로 원소 기호 Nh, 원소 이름 '니호늄'이 추가되었다. 니호늄(Nh)은 30번 원소 아연(Zn)의 원자핵과 83번 원소 비스무트(Bi)의 원자핵을 고속으로 충돌시켜 생성된 것이다.

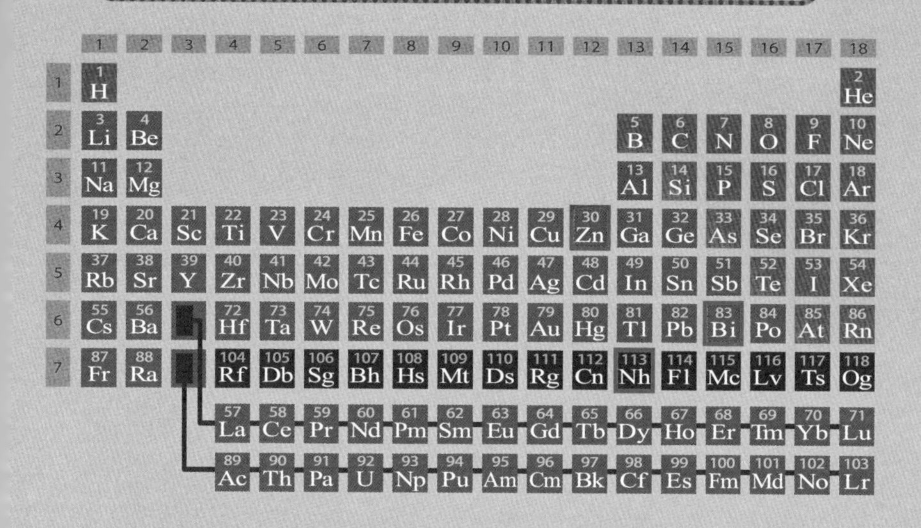

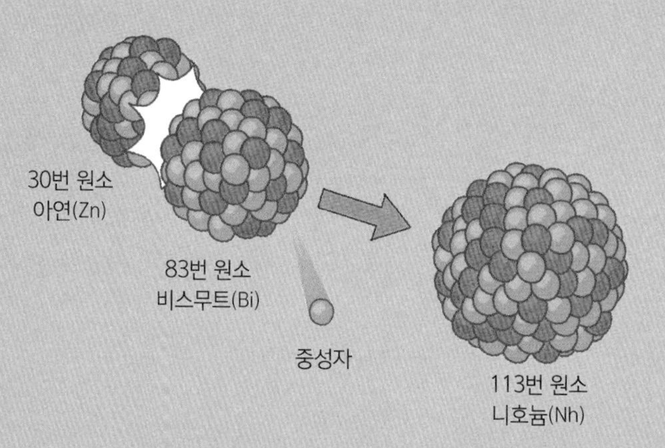

꿈에서 본 주기율표

주 : 멘델레예프는 카드를 활용한 원소 배열에 시행착오를 겪던 중 꿈에서 주기율표를 보았다고 알려져 있다.

1886년 독일의 화학자 클레멘스 빙클러

저마늄을 발견했다.

이렇게 멘델레예프가 정확하다는 사실이 증명되었다.

제2장 주기율표를 읽어보자!

주기율표에는 각각의 원소가
저마다 정해진 위치에 들어가 있다.
여기에는 분명한 이유가 있다.
제2장에서는 드디어 주기율표 읽는 법을 알아보자.

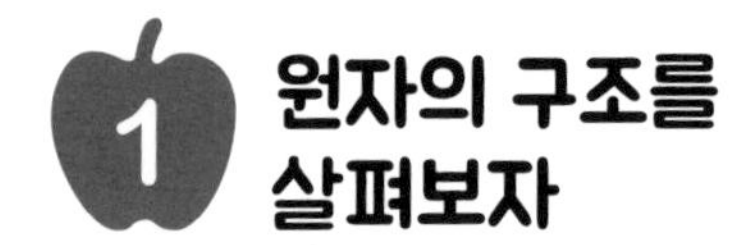

원자의 구조를 살펴보자

원자는 원자핵과 전자로 구성된다

주기율표를 읽기 위해서는 우선 원자가 무엇인지를 알아야 한다. 원자는 지름 10^{-10}m만큼 작은 입자로 중심에는 원자핵이 있다. **원자핵은 플러스 전기를 띤 양성자와 전기를 띠지 않은 중성자로 구성된다. 그리고 원자핵의 주변에는 마이너스 전기를 띤 전자가 운동하고 있다.** 이처럼 원자는 그 종류와 관계없이 기본적으로 원자핵과 전자라는 동일한 구조로 되어 있다.

원자의 종류는 양성자의 수로 결정된다

그럼 원자의 종류는 무엇으로 결정될까?

원자의 종류는 원자핵에 있는 양성자의 수에 따라 결정된다. 예를 들면 수소의 원자핵에는 양성자가 1개, 베릴륨의 원자핵에는 양성자가 2개, 리튬의 원자핵에는 양성자가 3개 있다. 그리고 양성자와 같은 수의 전자가 원자핵의 주변을 운동한다. **이처럼 원자의 종류는 원자핵에 있는 양성자의 수에 따라 결정된다.** 원자핵에 있는 양성자의 수는 '원자 번호'로도 사용된다.

주 : 양성자의 수가 같은 원자는 같은 종류의 원자다. 단, 같은 종류의 원자 속에는 중성자의 수가 다른 것이 있다. 이러한 원자를 '동위원소'라고 한다. 중성자의 수가 달라도 원자의 화학적인 성질은 변하지 않는다.

원자의 구조

원자는 양성자와 중성자로 구성되는 원자핵과 원자핵의 주변을 운동하는 전자로 구성된다. 원자핵의 지름은 10^{-14}m 정도이고, 전자의 크기는 10^{-18}m 이하로 알려져 있다.

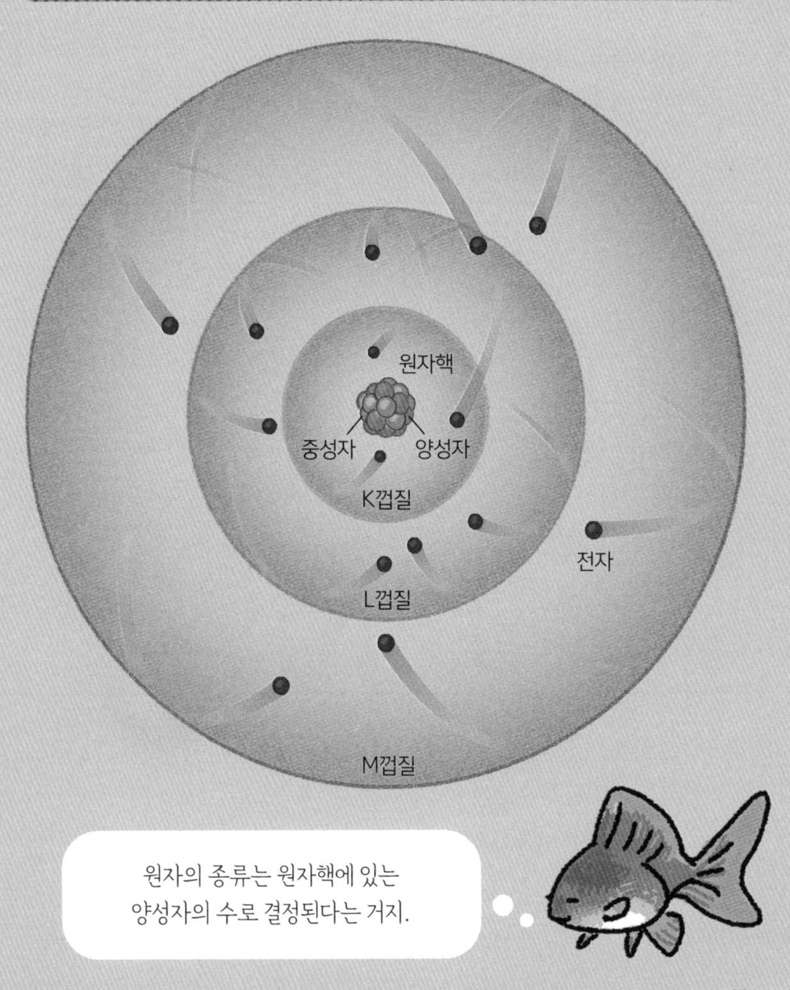

2 전자가 있을 곳은 정해져 있다

전자는 정해진 궤도 위를 운동한다

원자핵의 주변에는 양성자와 같은 수만큼의 전자가 운동하고 있다. 하지만 전자는 원자핵의 주변을 자유롭게 운동하는 것이 아니라, 정해진 궤도를 따라 움직인다.

전자의 궤도는 몇몇 개를 합쳐서 '전자껍질'이라는 구면(球面) 구조를 이룬다. 전자껍질은 안쪽부터 순서대로 K껍질, L껍질, M껍질……처

염소의 전자 배치

오른쪽은 염소(Cl)의 전자 배치다. 중앙이 원자핵이고 그 주변에 전자 17개가 있다. 전자껍질인 K껍질과 L껍질에는 전자가 정원만큼 들어차 있다. 최외각인 M껍질에는 전자의 빈자리가 1개 있다.

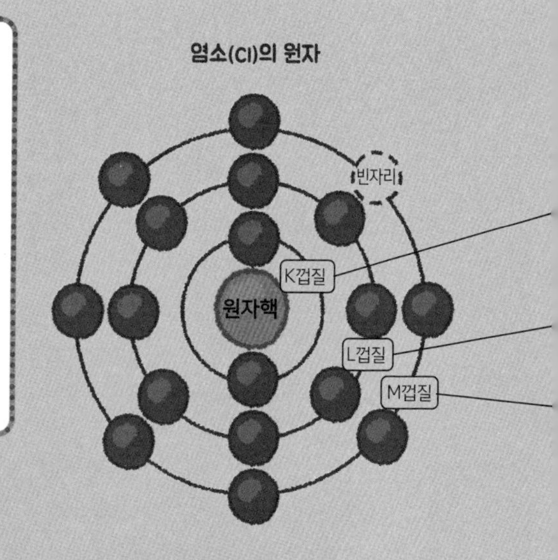

럼 K부터 알파벳 순서대로 이름을 붙인다.

✦ 전자는 안쪽 전자껍질로 들어간다

각각의 전자껍질에는 전자가 들어갈 수 있는 수(여기서는 '정원'이라 부르기로 한다)가 K껍질에 2개, L껍질에 8개, M껍질에 18개로 정해져 있다. 바깥쪽의 전자껍질일수록 정원이 늘어난다. 전자는 기본적으로는 안쪽의 전자껍질에 먼저 들어간다.

전자의 수는 원소에 따라 다르다. **즉, 어느 전자껍질까지 전자가 들어갈지는 원소에 따라 다르다. 전자가 들어간 가장 바깥쪽의 전자껍질은 '최외각'이라고 부른다. 최외각의 전자 정원이 꽉 차면 원자는 가장 안정적인 상태가 된다.**

염소(Cl)의 전자

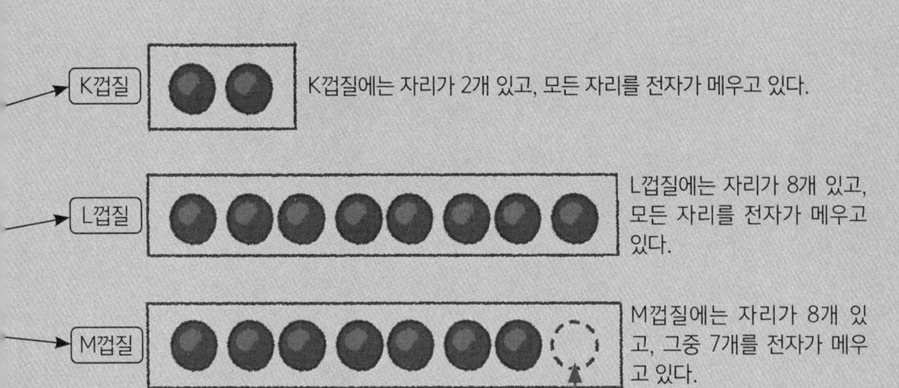

주 : M껍질에는 여기서 나타낸 8개의 전자가 들어 있는 궤도 바깥쪽에 추가로 10개의 전자가 들어가는 궤도가 있다. 따라서 M껍질에는 전자가 최대 18개 들어갈 수 있다.

3 주기율표 원소의 순서는 전자에 달려 있다

같은 주기의 원소는 최외각이 같다

그럼 여기서 최외각에 주목하면서 주기율표의 가로 방향으로 원소를 살펴보자(아래 주기율표). 제1주기 원소는 최외각이 K껍질이다. 제2주기 원소는 최외각이 L껍질이다. 그리고 제3주기 원소는 최외각이 M껍질이다. **이처럼 주기율표의 같은 주기(가로줄)에는 최외각 껍질이 같은 원소가 자리하고 있다.**

주기율표와 최외각의 관계

주기율표 일부에 각 원소의 전자 배치를 그려보았다. 주기율표상 같은 주기에는 최외각 껍질이 같은 원소가 자리하고 있다. 한편, 주기율표의 같은 족에는 최외각 전자 수가 같은 원소들이 있다.

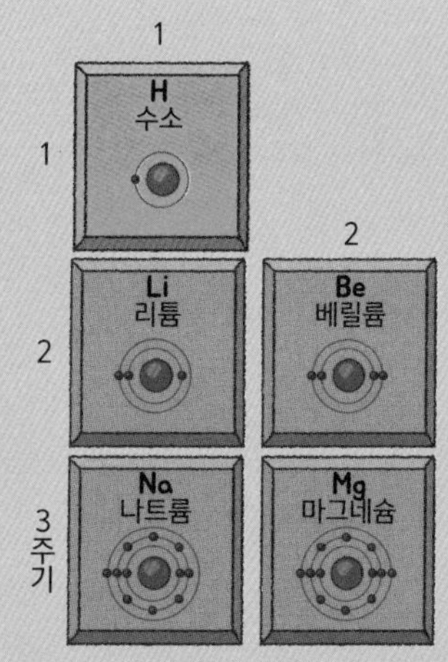

최외각에 전자 1개(가전자 수 1) 전자를 건네주고 1가의 양이온이 되기 쉽다.

최외각에 전자 2개(가전자 수 2) 전자를 건네주고 2가의 양이온이 되기 쉽다.

최외각의 전자 수가 같은 원소는 성질이 닮았지.

◈ 같은 족의 원소는 최외각에 있는 전자 수가 같다

이번에는 최외각에 주목하면서 주기율표의 세로 방향으로 원소를 살펴보자(아래 주기율표). 1족의 원소는 최외각에 있는 전자가 1개다. 2족의 원소는 최외각에 있는 전자가 2개다. 그리고 13족의 원소는 최외각에 있는 전자가 3개다. **이처럼 주기율표의 같은 족(세로줄)에는 최외각에 있는 전자 수가 같은 원소들이 자리하고 있다.**

주기율표의 같은 족 원소끼리는 화학적인 성질이 닮았다. **이는 최외각의 전자 수가 같기 때문이다. 즉, 원소의 화학적 성질은 최외각에 있는 전자 수에 크게 좌우된다!** 1~17족 원소의 최외각에 있는 전자는 화학반응에 관여하기 때문에 특별히 '가전자'라고 한다.

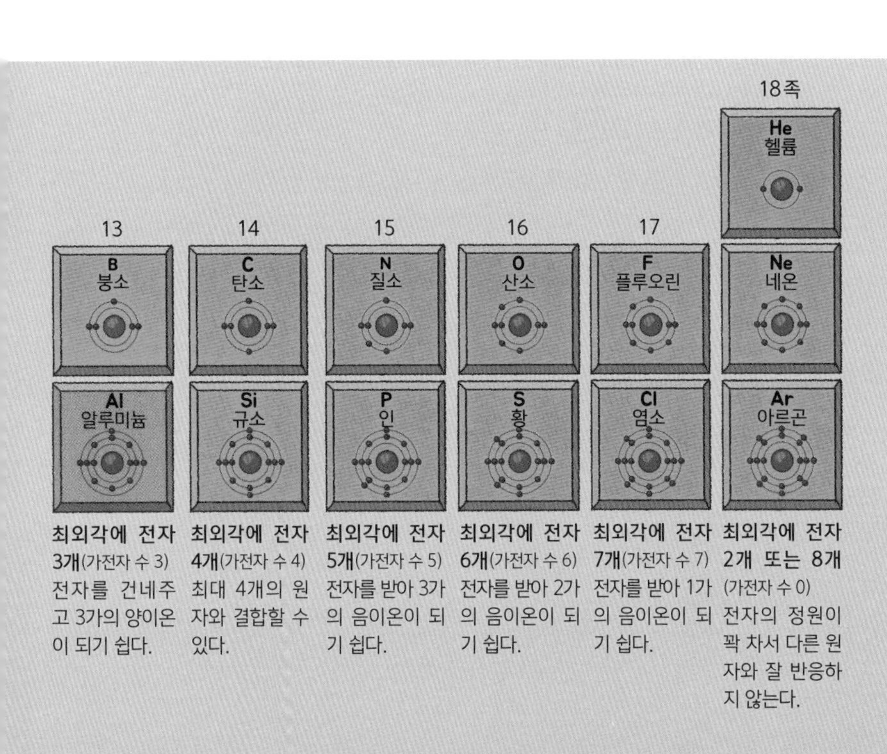

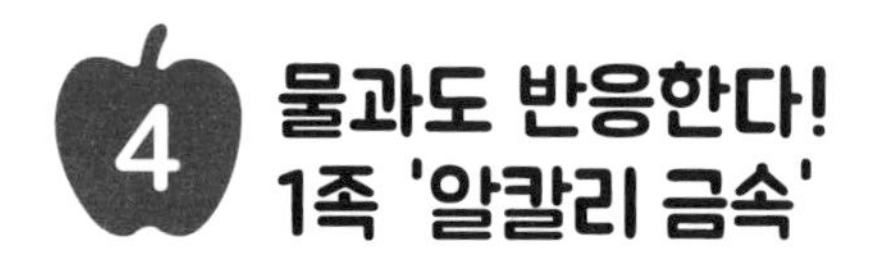

4 물과도 반응한다! 1족 '알칼리 금속'

나이프로 잘리는 금속

이제부터는 주기율표의 족(세로줄)별로 원소의 성질을 알아보도록 하자. 우선 주기율표의 가장 왼쪽에 있는 1족 원소를 보자. 수소를 제외한 1족 원소는 '알칼리 금속'이라 불린다. **금속이면서 물렁하고 가벼운 특징이 있다.** 리튬(Li), 나트륨(Na) 등은 나이프로 자를 수도 있다.

알칼리 금속과 물의 반응

리튬, 나트륨, 칼륨을 젖은 종이 위에 올렸을 때의 반응이다. 주기율표 아래쪽에 자리한 원소일수록 반응이 강렬하다.

리튬(Li)

물과 부드럽게 반응하여 발화하지 않는다.

나트륨(Na)

폭발적으로 발화하며 수소 가스를 발생시킨다. 노란 불꽃이 보인다.

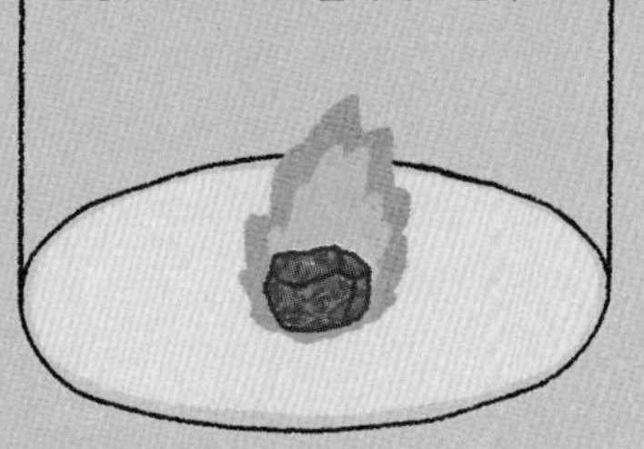

주 : 루비듐(Rb)과 세슘(Cs)은 폭발적인 반응을 일으켜 위험하기 때문에 일반적으로 이러한 실험은 하지 않는다.

✦ 전자를 항상 다른 원자에 내주려고 한다

알칼리 금속은 반응성이 매우 높다는 특징이 있다. 예를 들어 물에 젖은 종이 위에 나트륨이나 칼륨(K)을 올리면 불꽃이 강하게 일어난다. 이처럼 격렬한 반응이 일어나는 이유는 알칼리 금속의 최외각에 전자가 1개밖에 없기 때문이다.

알칼리 금속은 최외각에 있는 전자 1개를 다른 원자에 주고 전자로 메워진 안쪽의 전자껍질이 최외각이 되어 안정적인 상태가 된다. **그 때문에 최외각에 있는 전자 1개를 항상 다른 원자에 내주려고 한다.** 화학반응은 전자의 주고받음에 따라 일어난다. 전자를 다른 원자에 주려고 하는 것은 반응이 잘 일어난다는 뜻이다. 그래서 알칼리 금속이 강렬한 반응을 일으키는 것이다.

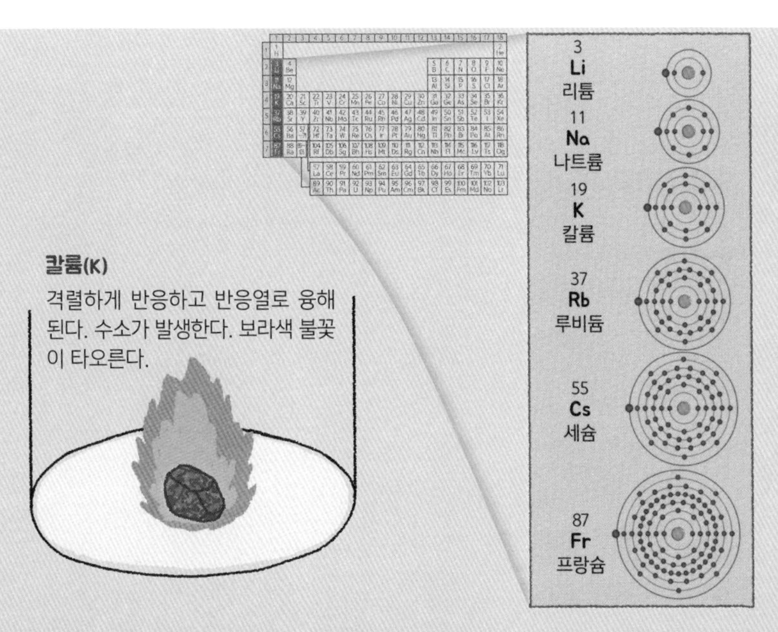

5 다채로운 물질을 만든다! 14족 '탄소'와 '규소'

탄소는 생명에 꼭 필요한 물질의 주성분

다음으로 14족 원소를 보자. 14족 원소는 최외각에 전자가 4개, 전자의 빈자리가 4개 있어 최대 원자 4개와 결합할 수 있다. **또 직선적, 평면적, 입체적으로 연결되어 다종다양한 물질이 되기도 하고 다양한 결정구조를 만들 수도 있다.** 이런 점이 14족 원소의 가장 큰 특징이다.

탄소가 만드는 물질의 예

탄소가 만드는 물질은 7000만 종 이상으로 알려져 있다. 인간의 몸을 만드는 단백질도 탄소를 성분으로 하는 아미노산으로 이루어져 있다.

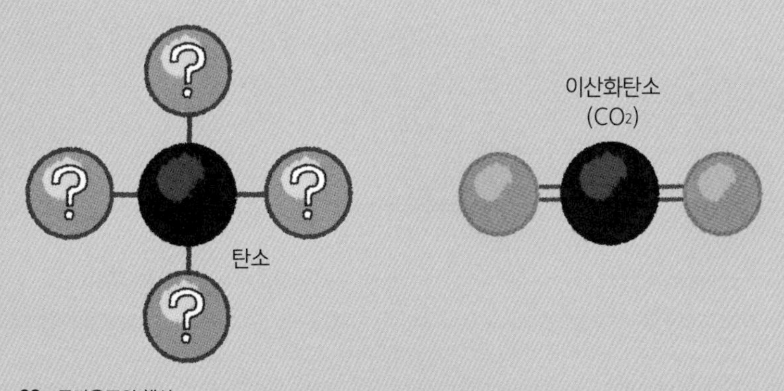

예를 들어 탄소(C)는 산소(O)와 결합하여 이산화탄소(CO_2)가 되고, 수소(H)와 결합하여 메탄(CH_4)이 되고, 질소(N)와 산소 등과 결합하여 아미노산이 된다. 나아가 아미노산끼리는 직선적으로 연결되어 단백질이 되기도 한다. **우리의 생명에 없어서는 안 되는 물질 대부분은 탄소가 주요 성분이다.**

규소는 공업 분야에서 활용된다

규소(Si)도 최대 원자 4개와 결합할 수 있다. 규소는 오래전부터 유리와 시멘트의 재료로 이용해왔다. 20세기 후반부터는 반도체와 태양전지에도 사용되고 있다. **14족의 원소는 공업 분야에서도 쓰이며 우리의 생활에 도움을 주고 있다.**

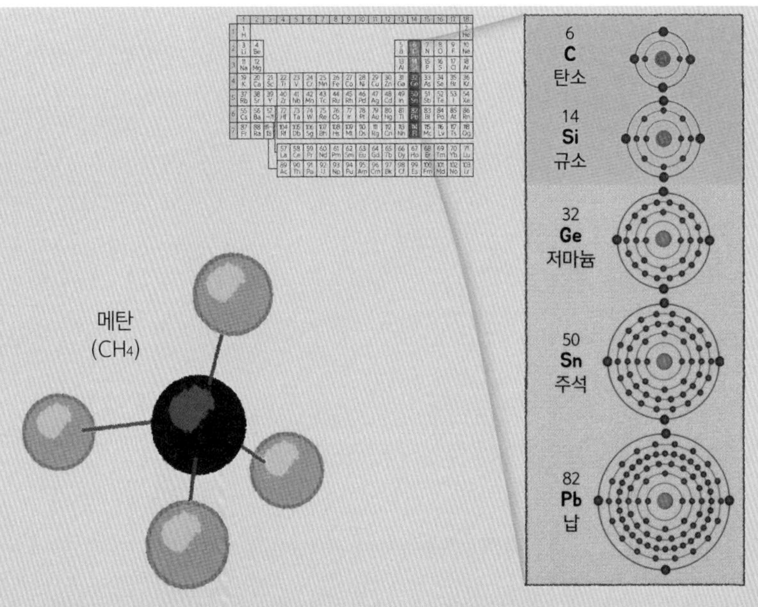

6 무엇과도 잘 반응하지 않는 18족 '희가스'

최외각에 있는 전자의 정원이 꽉 차 있다

주기율표의 가장 오른쪽에 있는 원소는 '희가스(비활성 기체)'라 불린다. **희가스는 다른 원소와 잘 반응하지 않는 특징이 있다.** 희가스의 최외각은 전자의 정원이 다 차 있다. **따라서 남아 있는 전자를 다른 원자에 넘기거나, 부족한 전자를 다른 원자에서 받아올 필요가 없으므로 안정되어 있다.**

희가스는 원자 1개로 안정돼 있어 원자 1개 상태로 존재한다. 수소 가스(H_2)처럼 원자 2개가 결합한 상태로 존재하는 일은 없다.

불을 가까이 가져가도 타지 않는다

희가스는 잘 반응하지 않는 성질이 있어 다양한 분야에 이용된다. 예를 들어 공기보다 가벼운 헬륨(He)은 비행기와 열기구 등에 사용된다. **희가스는 타지 않고 안전하기 때문이다.** 한편, 헬륨 가스와 아르곤 가스(Ar)는 심해잠수용 고압용기 속 공기에 질소 가스(N_2) 대신 섞을 수 있다.* **희가스는 우리 몸에 들어와도 체내의 물질과 결합하지 않고, 인체에 해를 끼치지 않는 것으로 알려져 있다.**

* 일반적으로는 해가 없는 질소 가스는 심해에서 인체에 높은 압력이 가해지면 혈액에 녹아 잠수병(감압증)을 일으키는 경우가 있다.

희가스의 이용 사례

희가스(비활성 기체)는 다른 원소와 잘 반응하지 않는 특징이 있다. 타지 않으며 인체에 유입되더라도 해를 끼치지 않는 것으로 알려져 있다.

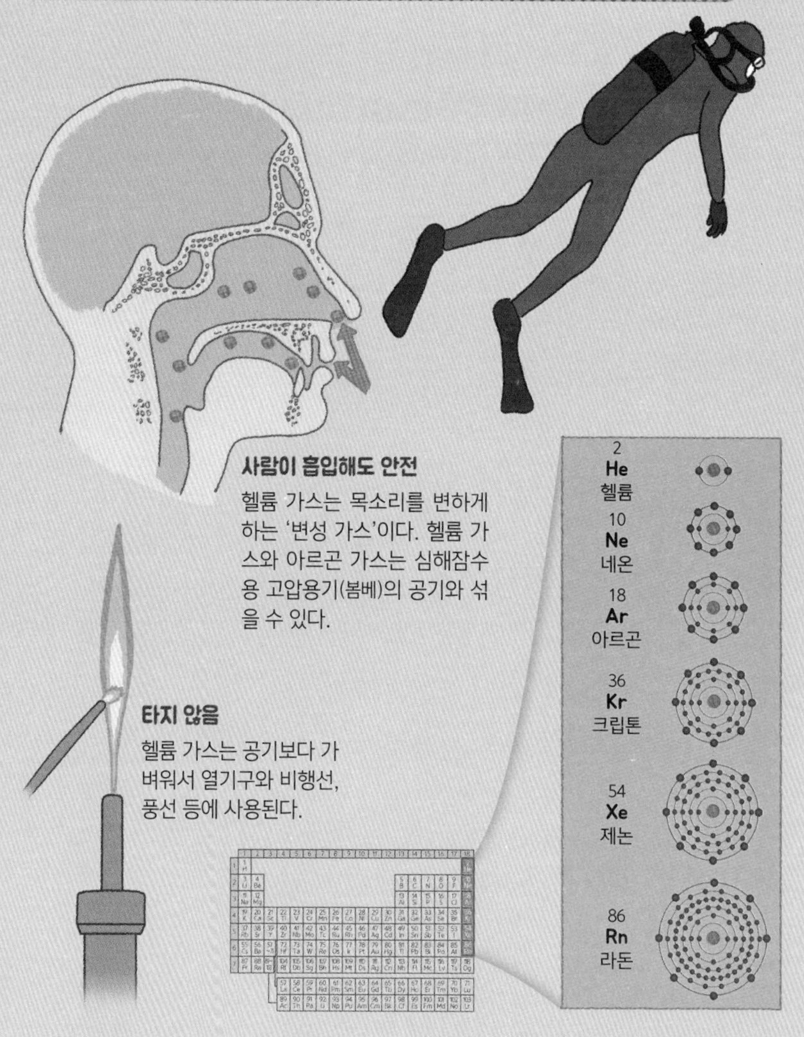

사람이 흡입해도 안전

헬륨 가스는 목소리를 변하게 하는 '변성 가스'이다. 헬륨 가스와 아르곤 가스는 심해잠수용 고압용기(봄베)의 공기와 섞을 수 있다.

타지 않음

헬륨 가스는 공기보다 가벼워서 열기구와 비행선, 풍선 등에 사용된다.

7 멘델레예프를 고민에 빠뜨린 3~11족 '전이 원소'

최외각에 있는 전자 수가 변하지 않는다!

마지막으로 '전이 원소'라 불리는 3~11족 원소를 알아보자.

전자는 보통 안쪽 전자껍질로 먼저 들어간다. 그래서 원자 번호가 커지면 최외각의 전자 수가 늘어난다. **그런데 전이 원소는 원자 번호가 커지고 전자 수가 늘어나도 최외각에 있는 전자 수에는 변화가 없다.** 왜 그럴까?

전이 원소와 아연의 전자 배치

제4주기 3~11족의 전이 원소와 12족 아연(Zn)의 전자 배치다. 최외각 N껍질에 있는 전자 수는 1~2개로 같다. 안쪽의 M껍질에 있는 전자 수는 다르다.

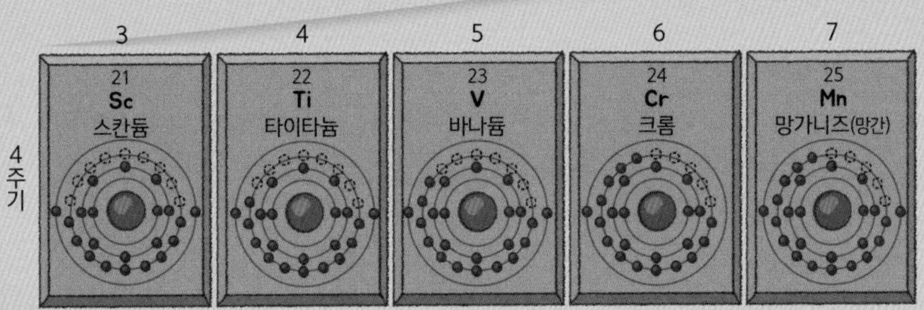

전이 원소의 전자는 안쪽 전자껍질이 채워지기 전에 최외각으로 들어가는 경우가 있기 때문이다. 최외각에 있는 전자 수가 변하지 않으므로 어떤 전이 원소든 화학적으로는 같은 성질을 지닌다.

멘델레예프는 표의 바깥에 정리했다

멘델레예프가 주기율표를 고안할 당시에는 아직 전자의 존재가 확실히 밝혀지지 않았다. 그래서 그는 전이 원소의 존재를 두고 매우 고민했다고 한다. **멘델레예프는 원자량이 늘어나는데도 성질이 변하지 않는 전이 원소를 표 바깥으로 빼내어 하나의 그룹으로 정리했다.** 현재는 성질이 비슷한 전이 원소도 원자 번호순으로 주기율표의 가운데 부분을 차지하고 있다.

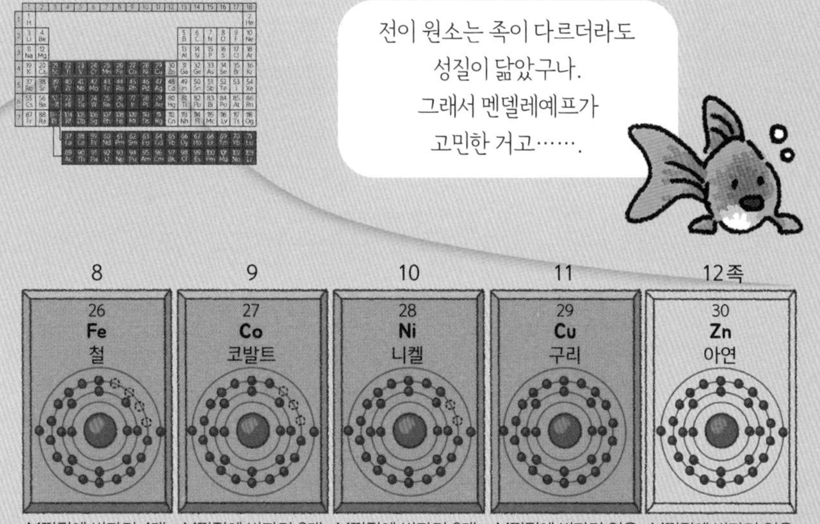

8 금속보다는 전기가 덜 통하는 '반도체'

◆ 전형적인 금속이 지니는 성질이란?

중고등학교에서 배우는 주기율표(12~13쪽)는 각각의 원소가 지닌 성질을 전형적인 금속이 지닌 성질과 비교하여 원소를 금속과 비금속으로 분류하고 있다. **전형적인 금속 성질이란 '특유의 광택이 있고 전기와 열을 잘 전달하며 늘릴 수 있다'는 점이다.** 그런데 원소를 '전기 전도성'을 기준으로 금속과 비금속으로 분류하면 그 경계가 달라지

주기율표로 반도체를 알 수 있다

전기 전도성을 기준으로 '금속(도체), 비금속(절연체), 비금속(반도체)'을 각각 다른 색으로 칠한 주기율표다. 비금속(반도체)은 금속보다는 전기가 덜 통하고 고온일수록 전기가 더 잘 통한다.

	1	2	3	4	5
1	1 H				
2	3 Li	4 Be			
3	11 Na	12 Mg			
4	19 K	20 Ca	21 Sc	22 Ti	23 V
5	37 Rb	38 Sr	39 Y	40 Zr	41 Nb
6	55 Cs	56 Ba		72 Hf	73 Ta
7	87 Fr	88 Ra		104 Rf	105 Db

57 La　58 Ce

89 Ac　90 Th

■ 전기 전도성이 금속(도체)인 원소

■ 전기 전도성이 비금속(절연체)인 원소

■ 전기 전도성이 비금속(반도체)인 원소

주 : 104번 이후 원소의 성질은 불명확하다. 전기 전도성을 기준으로 삼은 주기율표의 구분은 일본 우주연구개발기구(JAXA) 웹사이트(http://www.jaxa.jp/press/2015/04/20150420_boron_j.html)를 참고했다.

기도 한다.

저마늄은 '반도체'

예를 들어 32번 원소인 저마늄(Ge)은 학교에서 사용하는 주기율표에서는 금속으로 분류된다. 그러나 저마늄은 금속만큼 전기를 전달하지는 못한다. 또 금속은 저온일수록 전기를 잘 전달하는 데 비해 저마늄은 고온일수록 전기를 잘 전달한다.

저마늄과 같은 성질을 지니는 원소와 물질을 '반도체'라 부른다. 전기 전도성을 기준으로 하면, 반도체인 저마늄은 비금속으로 분류된다. 이처럼 금속과 비금속의 경계는 무엇을 기준으로 분류하느냐에 따라 달라지기도 한다.

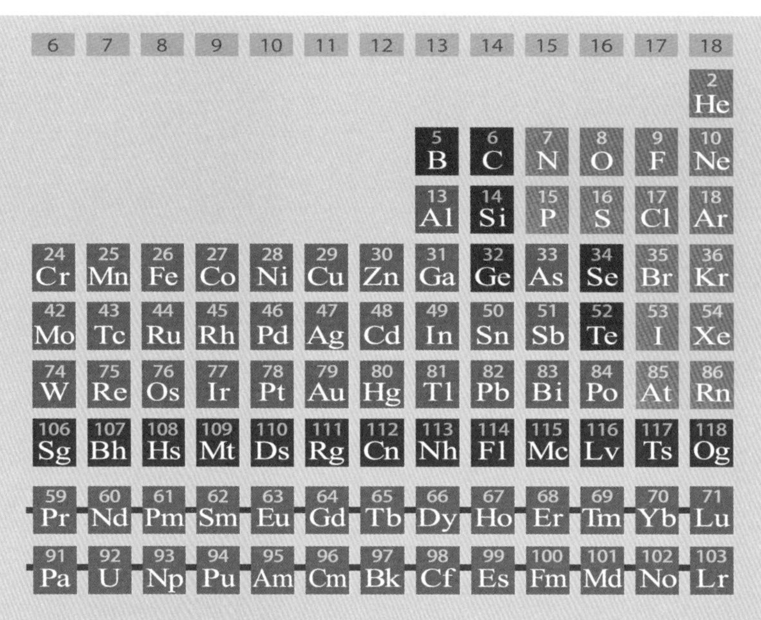

주기율표 외우는 방법

주기율표의 원소를 그저 순서대로 암기하려고만 들면 잘 외워지지 않는다. 그래서 말을 만들어 주기율표를 외우는 방법 몇 가지가 있다.

가장 잘 알려진 방법은 주기율표의 원소를 원자 번호 순서대로 1~20까지 앞글자를 따서 외우는 것이다. **'수 헬 리 베 붕 탄 질 산 플 네 나 마 알 규 인 황 염 아 칼 칼(H He Li Be B C N O F Ne Na Mg Al Si P S Cl Ar K Ca)'** 하는 식으로 말이다.

한편, 주기율표의 원소를 족별로 외우는 방법도 있다. 예를 들어 1족의 알칼리 금속의 경우는 **'리 나 칼 루 세 프(Li Na K Rb Cs Fr)' 하는 식으로 외우는 것이다.** 지금 소개한 방법을 참고로 자기만의 주기율표 암기법을 만들어보자!

제3장
총 118개 원소 전격 해부

제3장에서는 주기율표에 등재된
원소 118개를 샅샅이 해부해본다.
원소의 기초 데이터부터 이름의 유래와
발견 당시의 일화까지
흥미로운 정보가 한가득!

1 지명, 인명, 신의 이름…… 원소 이름의 다양한 유래

원소의 이름에 제약은 없다

원소의 이름은 현재 IUPAC(국제순수·응용화학연합)에서 논의하여 결정한다. **이름을 붙일 때 특별한 제약은 없다.** 이름의 유래는 지명, 인명, 별 이름, 신의 이름 등 다양하다.

한 마을 이름이 네 가지 원소의 이름으로

개성 있는 이름을 가진 원소로 이트륨(Y), 터븀(Tb), 이터븀(Yb), 어븀(Er) 등 네 가지를 들 수 있다. **이들 원소의 이름은 모두 스웨덴의 '이테르비'라는 마을의 이름에서 유래했다.**

이테르비는 스웨덴의 수도 스톡홀름 근교에 있는 작은 마을이다. 1794년 이 마을에서 채취되는 광물에서 새로운 산화물인 '이트리아'가 발견되었고, 1843년에는 이트리아에서 '이트륨'이 발견되었다. **그후 단일 원소로 알려졌던 이트륨에서 새로운 원소인 터븀과 어븀이 추가로 발견되었고, 다시 어븀에서 새로운 원소 이터븀이 발견되었다.** 그래서 네 가지 원소의 이름이 한 마을의 이름에서 유래하게 된 것이다.

특징 있는 이름을 지닌 원소는 그 외에도 많다. 44쪽부터 원소 118개를 철저하게 해부해보자.

제3장의 데이터 읽는 법

44쪽 이후 소개할 원소 118개에는 아래와 같은 항목이 수록돼 있다.

원자 번호

원소 기호 **우리말 이름** **영문 이름**

주기율표에서의 위치

(대상 원소는 붉은색으로, 같은 족 원소는 분홍색으로 표시)

8

O

산소

Oxygen

474000ppm

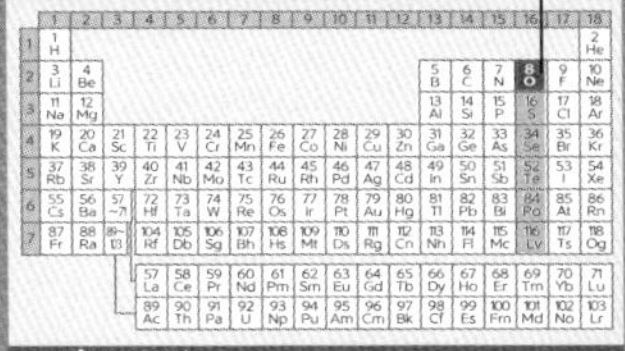

지각에 포함된 비율

(1만ppm이 1%, 원그래프는 대략적 비율을 나타냄)

인공원소

금속·비금속 분류

금속(고체) 금속(액체)

비금속(고체) 비금속(액체) 비금속(기체)

※1 : 안정동위원소가 없고 원자량이 주어져 있지 않은 방사성원소에 관해서는 확인된 동위원소의 질량을 ( ) 안에 표기

※2 : 규소를 1×10^6으로 놓았을 때의 원자 수

※3 : 가격 정보 출처

♣…『물가자료』(2018년 7월호, 일본)

◆… 독립행정법인 석유천연가스·금속광물자원기구 『광물자원 머테리얼 플로』(2017년, 일본)

■… (주)닐라코 순금속가격표(일본)

★… 와코순약공업(Siyaku.com)

1달러=1100원으로 계산

주 : 데이터가 불명확한 것은 '―'로 표기

주 : 가격을 제외한 수치 데이터는 주로 『개정 5판 화학 편람 기초편』(2004년, 일본) 참고

기초 데이터

【양성자 수】… 원자핵에 있는 양성자의 수(양성자 수는 원자 번호로도 사용)

【가전자 수】… 가장 바깥쪽 전자껍질(최외각)에 있는 전자의 수

【원 자 량】… 탄소의 동위원소 ^{12}C의 원자량을 12로 보았을 때의 상대적 비율※1

【녹 는 점】… 단위 ℃

【끓 는 점】… 단위 ℃

【밀 도】… 단위 g/cm^3

【존 재 도】

[지구] … 지각에서의 존재 비율

[우주] … 우주에서의 존재 비율※2

【존재 장소】… 해당 원소를 포함하는 대표 물질, 광물과 주요 산지

【가 격】… 일반적으로 유통되는 가격을 4종의 가격정보 출처를 비교하여 기재※3

【발 견 자】… 해당 원소를 발견한 사람의 이름(국가)

【발견 연도】… 해당 원소가 발견된 해

원소 이름의 유래

해당 원소의 어원(여러 가지 설이 있는 경우는 대표적인 유래)

발견 당시 일화

해당 원소의 발견과 관련된 일화

수소는 우주에 가장 많이 존재하는 원소다. 우주에 존재하는 원자 수의 약 90%를 차지하는 것으로 알려져 있다. 존재하는 비율에 비해 매우 가벼워 질량은 약 70%밖에 되지 않는다. 이전에는 열기구와 비행선에 사용되었다. 그러나 쉽게 타는 성질 때문에 큰 사고로 이어져 지금은 쓰이지 않는다. 쉽게 타기도 하지만 폭발적인 에너지를 발생시키기도 해서 우주선 발사에도 이용되었다.

최근에는 수소를 연료로 하는 연료전지 자동차가 실용화되었다. 연료전지는 수소를 산소와 반응시켜 전기를 발생시키는 장치다.

	1	2	3	4	5	6	7	8	9	10	11	12	13	14	15	16	17	18
1	1 H																	2 He
2	3 Li	4 Be											5 B	6 C	7 N	8 O	9 F	10 Ne
3	11 Na	12 Mg											13 Al	14 Si	15 P	16 S	17 Cl	18 Ar
4	19 K	20 Ca	21 Sc	22 Ti	23 V	24 Cr	25 Mn	26 Fe	27 Co	28 Ni	29 Cu	30 Zn	31 Ga	32 Ge	33 As	34 Se	35 Br	36 Kr
5	37 Rb	38 Sr	39 Y	40 Zr	41 Nb	42 Mo	43 Tc	44 Ru	45 Rh	46 Pd	47 Ag	48 Cd	49 In	50 Sn	51 Sb	52 Te	53 I	54 Xe
6	55 Cs	56 Ba	57~71	72 Hf	73 Ta	74 W	75 Re	76 Os	77 Ir	78 Pt	79 Au	80 Hg	81 Tl	82 Pb	83 Bi	84 Po	85 At	86 Rn
7	87 Fr	88 Ra	89~103	104 Rf	105 Db	106 Sg	107 Bh	108 Hs	109 Mt	110 Ds	111 Rg	112 Cn	113 Nh	114 Fl	115 Mc	116 Lv	117 Ts	118 Og
				57 La	58 Ce	59 Pr	60 Nd	61 Pm	62 Sm	63 Eu	64 Gd	65 Tb	66 Dy	67 Ho	68 Er	69 Tm	70 Yb	71 Lu
				89 Ac	90 Th	91 Pa	92 U	93 Np	94 Pu	95 Am	96 Cm	97 Bk	98 Cf	99 Es	100 Fm	101 Md	102 No	103 Lr

기초 데이터

【양성자 수】1 【가전자 수】1
【원 자 량】1.00784~1.00811
【녹 는 점】−259.14 【끓 는 점】−252.87
【밀 도】0.00008988
【존 재 도】[지구] 1520ppm
[우주] 2.79×10^{10}
【존재 장소】물, 아미노산 등
【가 격】3500원(1m³당) ♣
【발 견 자】헨리 캐번디시(잉글랜드)
【발견 연도】1766년

원소 이름의 유래

그리스어로 물(hydro)과 발생하다(genes)의 합성어

발견 당시 일화

1766년 영국의 화학자 캐번디시는 철과 산이 반응하면 공기보다 훨씬 가벼운 기체가 발생하는 것을 발견했다. 이 기체가 바로 수소다. 수소의 원소 이름은 1783년 프랑스 출신의 화학자 라부아지에가 붙였다.

금속(고체) 금속(액체) 비금속(고체) 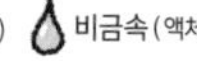 비금속(액체) 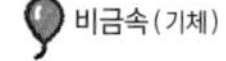 비금속(기체)

2 He 헬륨 Helium

0.008ppm

헬륨은 수소와 함께 우주가 탄생할 때 최초로 만들어진 원소다. 현재도 우주에서 수소 다음으로 양이 많은 원소로, 수소와 헬륨의 질량을 합하면 우주의 일반적인 물질의 약 98%를 차지한다.

수소 다음으로 가볍지만, 수소와는 달리 불연성이라 안전하여 수소 대신 열기구와 비행선을 띄우는 가스로 사용되고 있다.

끓는점이 원소 중에 가장 낮다. 액체는 냉각제로 의료용 MRI(자기공명영상장치)와 자력의 레일 위를 떠서 달리는 리니어 모터카(linear motor car) 등에 이용된다.

기초 데이터

【양성자 수】2 【가전자 수】0
【원 자 량】4.002602
【녹 는 점】-272.2 【끓 는 점】-268.934
【밀 도】0.0001785
【존 재 도】[지구] 0.008ppm
[우주] 2.72×10^9
【존재 장소】특정 천연가스
【가 격】2만 5000원(1m³당) ♣
【발 견 자】조지프 노먼 로키어(잉글랜드)
【발견 연도】1868년

원소 이름의 유래

그리스어로 태양(helios)

발견 당시 일화

천문학자 로키어는 개기일식을 관측하고 태양의 노란 빛이 새로운 원소로부터 나온다고 보고 이를 헬륨이라 이름 붙였다. 1890년 영국의 조엘 힐데브란드가 우라늄 광물에서 불활성 기체를 분리했고, 1895년 영국 출신의 램지가 그 기체가 헬륨임을 밝혀냈다.

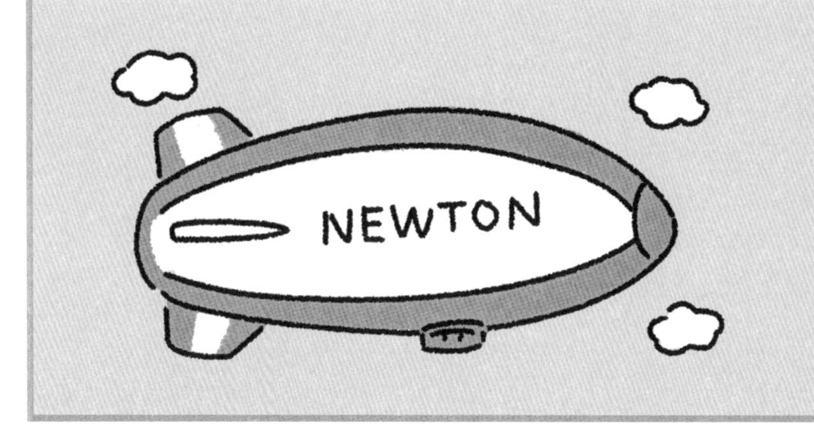

리튬
Lithium

리튬은 수소, 헬륨과 함께 우주가 탄생하며 최초로 만들어진 원소다.

리튬이라고 하면 가장 먼저 떠오르는 것이 '리튬 이온 전지'가 아닐까? 리튬 이온 전지는 가벼우면서도 대용량에 충전 효율도 높아 노트북과 스마트폰 등 모바일 기기의 배터리로 사용되고 있다.

또 리튬은 무색의 불꽃에 넣으면 약한 붉은색을 내며 불꽃반응을 일으킨다. 불꽃반응이란 불꽃에 원소를 넣으면 원소 특유의 색깔을 내는 반응이다. 이 성질을 이용하여 불꽃놀이 때 쏘아 올리는 불꽃에 색을 입힌다.

기초 데이터

【양성자 수】 3 【가전자 수】 1
【원 자 량】 6.938~6.997
【녹 는 점】 180.54 【끓 는 점】 1347
【밀 도】 0.534
【존 재 도】 [지구] 20ppm
[우주] 57.1
【존재 장소】 리티아휘석, 홍운모(리티아운모)
(칠레, 캐나다 등)
【가 격】 9020원(1kg당) ◆
【발 견 자】 요한 아르프베드손(스웨덴)
【발견 연도】 1817년

원소 이름의 유래

그리스어로 돌(Lithos)

발견 당시 일화

페탈라이트 광물을 분석하면서 발견되었다. 광물에서 발견된 최초의 알칼리 금속 원소이다.

금속(고체) 금속(액체) 비금속(고체) 비금속(액체) 비금속(기체)

베릴륨

Beryllium

2.6ppm

베릴륨은 은백색의 금속으로, 가볍고 단단하고 강하며 녹는점이 높다. 구리에 베릴륨을 첨가한 베릴륨구리는 구리합금 중에 가장 단단하고 전기가 통하는 성질이 있어서 다양한 부품 속에 스프링 재료로 사용된다. 전자기기를 비롯해 자동차의 소형·경량화, 수명을 연장하는 데도 기여한다. 그 밖에도 베릴륨구리는 불꽃이 잘 일어나지 않는 특징이 있어 안전공구(해머와 스내퍼 등)를 만드는 재료로도 쓰인다.

베릴륨은 스피커의 진동판에 첨가하면 좀 더 높은 음까지 재생이 가능해 고급 스피커에도 사용되고 있다.

기초 데이터

【양성자 수】 4　【가전자 수】 2
【원 자 량】 9.01218
【녹 는 점】 1285　【끓 는 점】 2780
【밀　　도】 1.857
【존 재 도】 [지구] 2.6ppm
[우주] 0.73
【존재 장소】 녹주석, 버트란다이트 (브라질, 러시아 등)
【가　　격】 –
【발 견 자】 프리드리히 뵐러(독일), 앙투안 뷔시 (프랑스)
【발견 연도】 1828년

원소 이름의 유래

광물 이름 녹주석(beryl)

발견 당시 일화

녹주석을 화학 분석하던 중에 발견되었다. 원소를 발견한 해에 독일의 마르틴 클라프로트가 '베릴륨'이라 이름 붙였다.

붕소
Boron

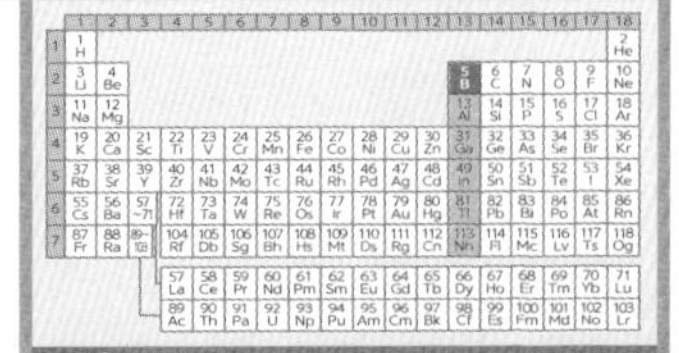

홑원소인 붕소는 검회색이고, 유리와 섞으면 투명해지는 성질이 있다. 홑원소일 때나 화합물일 때 모두 내화성이 뛰어나다. 붕소를 포함한 유리는 열팽창률이 낮아 열을 가해도 변형이 잘 일어나지 않는다. 내열유리를 사용하는 조리용 포트, 화학실험용 플라스크와 비커 등에 자주 사용된다.

또 붕산은 안구 세정제 등 의약품으로 쓰이기도 하고, 둥글게 빚은 붕산 경단은 바퀴벌레 퇴치제로도 사용된다. 그 밖에 붕소 화합물은 연마제, 합금 첨가제 등으로 공업 분야에서도 사용된다.

기초 데이터

【양성자 수】 5　【가전자 수】 3
【원 자 량】 10.806~10.821
【녹 는 점】 2300　【끓 는 점】 3658
【밀　　도】 2.34
【존 재 도】 [지구] 950ppm
[우주] 21.2
【존재 장소】 붕사, 콜마나이트(미국 등)
【가　　격】 1800원(1g당) ■ 분말
【발 견 자】 무아상(프랑스)
【발견 연도】 1892년

원소 이름의 유래

아랍어로 붕사(buraq)

발견 당시 일화

붕사(붕소 화합물)는 오래전부터 알려져 있었다. 순수 홑원소인 붕소는 무아상이 산화붕소에서 분리했다.

금속(고체) 금속(액체) 비금속(고체) 비금속(액체) 

탄소는 오래전부터 목탄의 형태로 사용되었고 최신 현대과학에서도 활용되는 원소다. 탄소 원자로 된 가볍고 튼튼한 탄소(카본) 나노튜브는 자동차와 우주선 등 다양한 분야에 재료로 응용될 것으로 기대된다.

탄소는 원자끼리의 결합이 매우 강해서 같은 중량의 강철보다도 탄소 나노튜브의 강도가 80배 높다. 광물 중 가장 단단한 다이아몬드도 탄소만으로 만들어진 물질이다. 그 밖에도 우리 주변에는 연필심 재료인 그래파이트(흑연) 등 탄소 원자만으로 된 물질이 있다.

기초 데이터

【양성자 수】 6 【가전자 수】 4
【원 자 량】 12.0096~12.0116
【녹 는 점】 3550(다이아몬드의 경우)
【끓 는 점】 4800(다이아몬드의 경우, 승화점)
【밀 도】 3.513(다이아몬드의 경우)
【존 재 도】 [지구] 480ppm
[우주] 1.01×10^7
【존재 장소】 흑연(중국 등), 다이아몬드(콩고 등)
【가 격】 1940원(1kg당) ◆
천연 흑연 분말
【발 견 자】 조지프 블랙(스코틀랜드)
【발견 연도】 1752~1754년

원소 이름의 유래

라틴어로 목탄(Carbo)

발견 당시 일화

석회석을 가열했을 때와 탄산염에 산을 가했을 때 발생하는 기체가 같다는 사실을 발견하고 이를 보고하면서 발견됐다(훗날 이산화탄소로 판명). 탄소라고 이름 붙인 이는 프랑스의 화학자 라부아지에다.

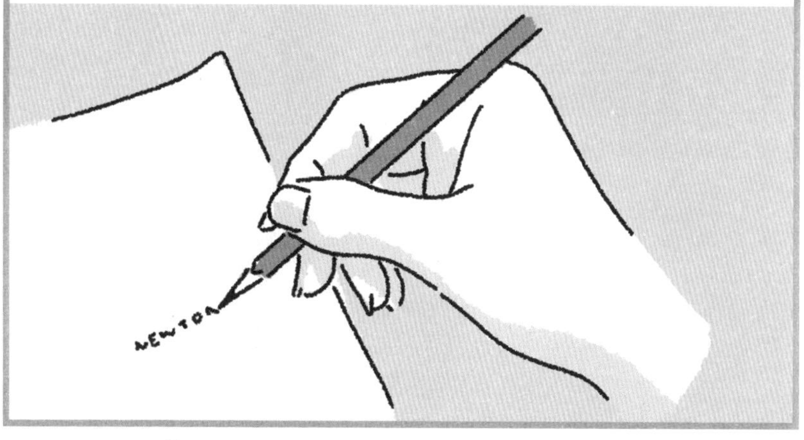

지각에 포함된 비율 인공원소

질소는 우리 체중의 약 3%를 차지한다. 체내에 아미노산 등과 같은 화합물로 존재한다. 아미노산은 단백질을 구성하고, 단백질은 우리 몸의 근육과 뼈, 혈액 등을 구성하는, 생물에 필수적인 재료이다.

질소는 공기의 약 80%를 차지하고 있지만, 호흡으로는 섭취할 수 없고 음식물을 통해 섭취해야 한다.

질소는 끓는점이 무려 마이너스 195.8℃로 매우 낮다. 따라서 마이너스 195.8℃ 이하의 극저온인 액체질소는 식재료의 동결건조와 세포 보존 등에 냉각제로 이용되고 있다.

기초 데이터

【양성자 수】 7 【가전자 수】 5
【원 자 량】 14.00643~14.00728
【녹 는 점】 -209.86 【끓 는 점】 -195.8
【밀 도】 0.0012506
【존 재 도】 [지구] 25ppm
[우주] 3.13×10^6
【존재 장소】 공기 중, 초석(인도), 칠레초석(칠레)
【가 격】 2700원($1m^3$당) ♣
【발 견 자】 어니스트 러더퍼드(스코틀랜드)
【발견 연도】 1772년

원소 이름의 유래

그리스어로 초석(nitre)과 발생하다(genes)의 합성어

발견 당시 일화

대기 중의 탄소 화합물을 연소시킨 다음 이산화탄소를 제거하면 남는 기체로, 단리(혼합물에서 하나의 원소나 물질을 순수한 형태로 분리하는 일)하여 얻었다. 질소라고 이름 붙인 이는 프랑스의 화학자 장 샤프탈이다.

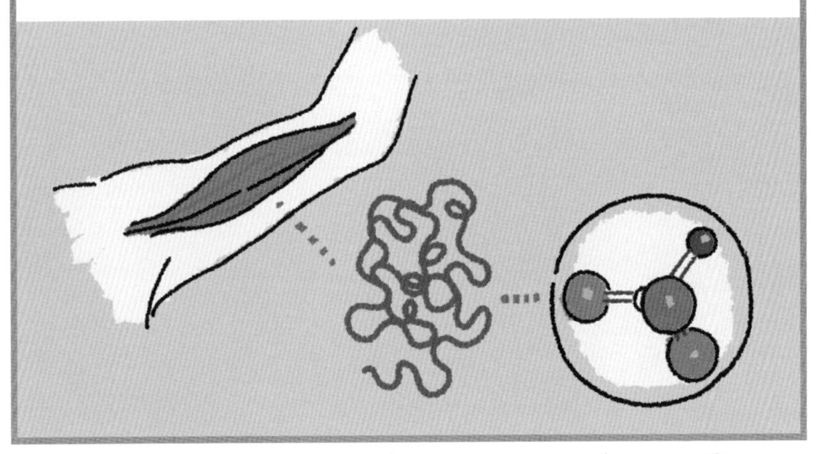

금속(고체) 금속(액체) 비금속(고체) 비금속(액체) 비금속(기체)

산소는 부피로 보면 대기 중에 약 21% 비율로 존재한다. 그러나 원시 지구의 대기에는 산소가 거의 없었다고 한다. 현재 대기 중의 산소는 식물이 이산화탄소와 물로 광합성을 해서 만든 것이다.

광합성은 식물 잎의 세포 안에 있는 엽록체에서 이루어진다. 광합성으로 생성된 산소는 잎의 기공을 통해 대기 중으로 방출된다. 성층권까지 올라간 일부 산소분자는 오존분자가 되어 태양으로부터 쏟아지는 유해한 적외선을 흡수하여 지구 상의 생명을 보호한다.

기초 데이터

【양성자 수】 8 【가전자 수】 6
【원 자 량】 15.99903~15.99977
【녹 는 점】 -218.4 【끓 는 점】 -182.96
【밀 도】 0.001429
【존 재 도】 [지구] 47만 4000ppm
[우주] 2.38×10^7
【존재 장소】 공기 중, 물
【가 격】 2600원(1m³당) ♣
【발 견 자】 칼 빌헬름 셸레(스웨덴), 조지프 프리스틀리(잉글랜드)
【발견 연도】 1771년

원소 이름의 유래

그리스어로 산(oxys)과 발생시키다(genes)의 합성어

발견 당시 일화

셸레는 산소의 성질을 최초로 연구하여 기록했지만 출판은 1777년에서야 이루어졌다. 그 때문에 1771년 산소에 관한 연구를 발표한 프리스틀리와 산소 발견자에 관한 논쟁이 일었다.

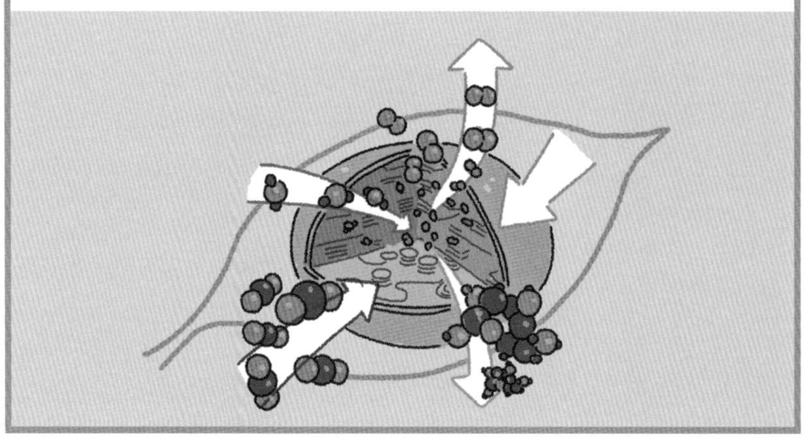

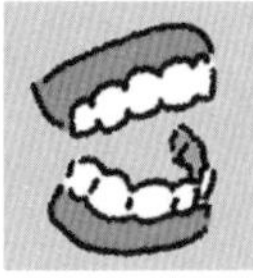

플루오린(불소)은 반응성이 높아 헬륨과 네온 외에 모든 원소와 반응하여 화합물을 만든다. 그래서 홑원소로는 자연계에 거의 존재하지 않고 형석과 빙정석에 함유되어 있다.

플루오린과 탄소로 이루어진 플루오린(불소) 수지를 코팅한 프라이팬, 냄비 등이 잘 알려져 있다. 불소수지는 열에 강하고 물과 기름을 튕겨내는 성질이 있다.

또 플루오린은 치아의 재석회화(재강화)에 도움을 준다. 음식을 먹으면 입안이 산성화되어 치아가 부식되며 칼슘이 녹는데 플루오린은 이를 억제하고 충치를 예방하는 효과가 있다.

기초 데이터

【양성자 수】 9 **【가전자 수】** 7
【원 자 량】 18.998403163
【녹 는 점】 −219.62 **【끓 는 점】** −188.14
【밀 도】 0.001696
【존 재 도】 [지구] 950ppm
[우주] 843
【존재 장소】 형석(멕시코 등), 빙정석(그린란드 서부의 대형 페그마타이트 광상이 주요 산지)
【가 격】 290원(1kg당) ◆ 형석
【발 견 자】 앙리 무아상(프랑스)
【발견 연도】 1886년

원소 이름의 유래

라틴어로 형석(fluorite)

발견 당시 일화

플루오린은 반응성이 높은 물질이기 때문에 플루오린을 얻으려다 중독으로 목숨을 잃은 사람도 있다. 처음으로 단리에 성공한 무아상은 1906년 노벨상을 받았다.

금속(고체) 금속(액체) 비금속(고체) 비금속(액체) 비금속(기체)

네온은 공기에 들어 있는 양이 희박한 희가스(비활성 기체)의 한 종류로, 네온을 주입한 관에 전압을 걸면 붉은색으로 빛난다. 이러한 성질을 이용한 것이 밤거리를 수놓는 네온사인이다.

네온사인은 유리관 안에 전자를 넣어 네온 원자의 전자가 들뜬 상태가 되었다가 원래대로 돌아올 때 붉은색으로 빛나는 원리를 이용한 것이다. 네온을 다른 희가스와 함께 주입하면 다양한 색을 만들어낼 수 있다. 예를 들어 아르곤은 청보라색을 만들기 때문에 네온과 섞으면 빨강과 청보라의 중간색을 만들 수 있다.

	1	2	3	4	5	6	7	8	9	10	11	12	13	14	15	16	17	18
1	1 H																	2 He
2	3 Li	4 Be											5 B	6 C	7 N	8 O	9 F	10 Ne
3	11 Na	12 Mg											13 Al	14 Si	15 P	16 S	17 Cl	18 Ar
4	19 K	20 Ca	21 Sc	22 Ti	23 V	24 Cr	25 Mn	26 Fe	27 Co	28 Ni	29 Cu	30 Zn	31 Ga	32 Ge	33 As	34 Se	35 Br	36 Kr
5	37 Rb	38 Sr	39 Y	40 Zr	41 Nb	42 Mo	43 Tc	44 Ru	45 Rh	46 Pd	47 Ag	48 Cd	49 In	50 Sn	51 Sb	52 Te	53 I	54 Xe
6	55 Cs	56 Ba	57~71	72 Hf	73 Ta	74 W	75 Re	76 Os	77 Ir	78 Pt	79 Au	80 Hg	81 Tl	82 Pb	83 Bi	84 Po	85 At	86 Rn
7	87 Fr	88 Ra	89~103	104 Rf	105 Db	106 Sg	107 Bh	108 Hs	109 Mt	110 Ds	111 Rg	112 Cn	113 Nh	114 Fl	115 Mc	116 Lv	117 Ts	118 Og
				57 La	58 Ce	59 Pr	60 Nd	61 Pm	62 Sm	63 Eu	64 Gd	65 Tb	66 Dy	67 Ho	68 Er	69 Tm	70 Yb	71 Lu
				89 Ac	90 Th	91 Pa	92 U	93 Np	94 Pu	95 Am	96 Cm	97 Bk	98 Cf	99 Es	100 Fm	101 Md	102 No	103 Lr

기초 데이터

【양성자 수】 10　【가전자 수】 0
【원 자 량】 20.1797
【녹 는 점】 -248.67　【끓 는 점】 -246.05
【밀 도】 0.0008999
【존 재 도】 [지구] 0.00007ppm
[우주] 3.44×10^6
【존재 장소】 공기 중
【가 격】 —
【발 견 자】 윌리엄 램지(스코틀랜드),
모리스 트래버스(잉글랜드)
【발견 연도】 1898년

원소 이름의 유래

그리스어로 새롭다(neos)

발견 당시 일화

액체 공기를 분별 증류하던 도중 크립톤, 제논 등과 함께 네온도 분리되었다. 이 발견으로 주기율표가 확실한 인정을 받게 되었다.

헬륨을 마시면 왜 목소리가 변할까?

파티용품 중에는 마시면 목소리가 높아지는 '변성 가스'가 있다. 이 변성 가스에는 헬륨 가스(He)가 섞여 있다. 그런데 왜 헬륨 가스를 마시면 목소리가 높아지는 걸까?

인체는 폐에서 내보내는 공기로 성대를 진동시켜 소리를 만들어낸다. **성대에서 나오는 소리는 성대가 긴 사람일수록 소리의 진동수(1초간 진동하는 횟수)가 적고 음이 낮다.** 인체는 이 소리를 목 안의 공간과 입안(구강), 콧속(비강)으로 공명시킨 후 강화하여 목소리로 내보낸다.

그런데 소리가 지나는 길에 헬륨 가스가 섞이면 기체 밀도가 공기보다 낮아져서 공기 중보다 소리의 속도가 빨라지기 때문에 진동수도 증가하여 높은 소리가 난다. 그 높은 소리가 목과 입, 귀 안에서 공명하면 목소리가 높아진다. 즉, 같은 성대에서 나오는 소리라도 기체의 밀도에 따라 목소리의 높이도 달라지는 것이다.

주 : 산소(O_2)가 들어 있지 않은 풍선용 헬륨 가스를 마시면 질식할 위험이 크다. 또 변성 가스를 대량으로 마시면 의식을 잃을 위험도 있으므로 특히 주의해야 한다.

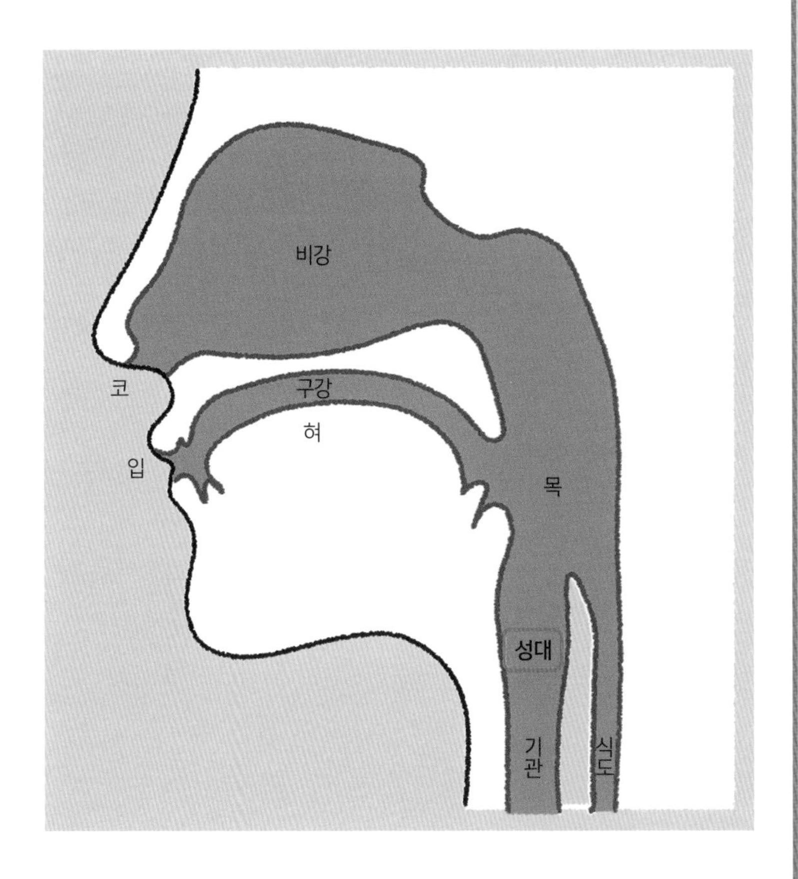
비강
코
구강
혀
입
목
성대
기관
식도

11 Na 나트륨 Sodium

23000ppm

우리와 가장 친숙한 나트륨으로는 염화나트륨(소금)이 있다. 염화나트륨은 우리 몸속에서 나트륨 이온과 염화물 이온으로 존재하며 신경과 근육의 작용을 조절하고 소화를 돕는 기능을 한다. 또 인체에 없어서는 안 되는 무기물 중 하나다.

일상생활에서 사용되는 예로는 터널 내부와 고속도로 등을 지날 때 볼 수 있는 노란색 나트륨램프가 있다. 이 조명이 노란색으로 빛나는 이유는 나트륨의 불꽃반응 때문이다. 나트륨램프는 소비전력이 낮고 수명이 긴 장점이 있다.

기초 데이터

【양성자 수】 11 【가전자 수】 1
【원 자 량】 22.98976928
【녹 는 점】 97.81 【끓 는 점】 883
【밀 도】 0.971
【존 재 도】 [지구] 2만 3000ppm
[우주] 5.74×10^4
【존재 장소】 암염(세계 각지), 소다회(미국, 보츠와나 등)
【가 격】 4500원(1g당) ★ 염화나트륨
【발 견 자】 험프리 데이비(잉글랜드)
【발견 연도】 1807년

원소 이름의 유래

아랍어로 소다(suda)

발견 당시 일화

수산화나트륨을 전기분해하여 홑원소 나트륨을 단리했다.

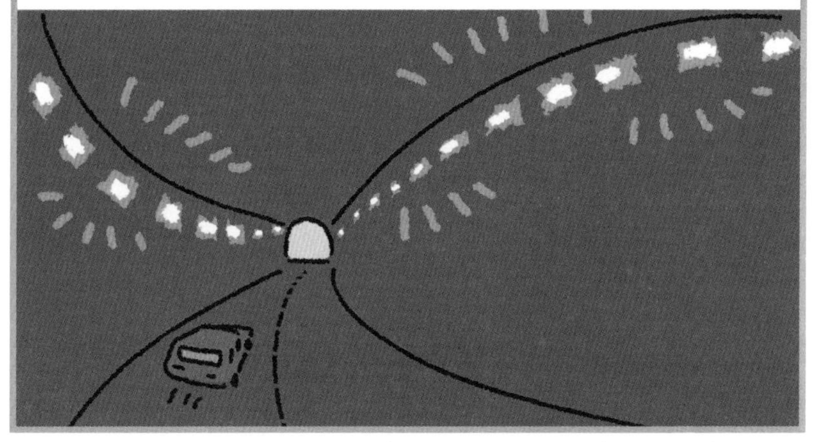

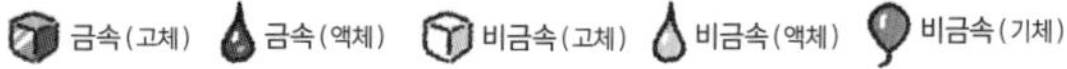
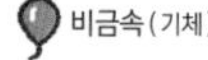

마그네슘은 리튬과 나트륨에 이어 세 번째로 가벼운 금속이다. 마그네슘합금은 가볍고 견고해서 노트북의 외부 케이스 등에 사용된다. 그러나 녹슬기 매우 쉬워서 표면을 코팅하여 사용한다.

마그네슘은 식물의 광합성에서도 중요한 역할을 담당한다. 식물의 엽록체에 있는 '클로로필'에는 마그네슘이 들어 있어 빛을 전자로 변환한다. 그리고 바로 이 전자가 유기물의 합성에 사용된다.

그 밖에 두부를 만들 때 사용되는 간수의 주성분인 염화마그네슘으로도 쓰인다.

	1	2	3	4	5	6	7	8	9	10	11	12	13	14	15	16	17	18
1	1 H																	2 He
2	3 Li	4 Be											5 B	6 C	7 N	8 O	9 F	10 Ne
3	11 Na	**12 Mg**											13 Al	14 Si	15 P	16 S	17 Cl	18 Ar
4	19 K	20 Ca	21 Sc	22 Ti	23 V	24 Cr	25 Mn	26 Fe	27 Co	28 Ni	29 Cu	30 Zn	31 Ga	32 Ge	33 As	34 Se	35 Br	36 Kr
5	37 Rb	38 Sr	39 Y	40 Zr	41 Nb	42 Mo	43 Tc	44 Ru	45 Rh	46 Pd	47 Ag	48 Cd	49 In	50 Sn	51 Sb	52 Te	53 I	54 Xe
6	55 Cs	56 Ba	57~71	72 Hf	73 Ta	74 W	75 Re	76 Os	77 Ir	78 Pt	79 Au	80 Hg	81 Tl	82 Pb	83 Bi	84 Po	85 At	86 Rn
7	87 Fr	88 Ra	89~103	104 Rf	105 Db	106 Sg	107 Bh	108 Hs	109 Mt	110 Ds	111 Rg	112 Cn	113 Nh	114 Fl	115 Mc	116 Lv	117 Ts	118 Og
				57 La	58 Ce	59 Pr	60 Nd	61 Pm	62 Sm	63 Eu	64 Gd	65 Tb	66 Dy	67 Ho	68 Er	69 Tm	70 Yb	71 Lu
				89 Ac	90 Th	91 Pa	92 U	93 Np	94 Pu	95 Am	96 Cm	97 Bk	98 Cf	99 Es	100 Fm	101 Md	102 No	103 Lr

기초 데이터

【양성자 수】 12 【가전자 수】 2

【원 자 량】 24.304~24.307

【녹 는 점】 648.8 【끓 는 점】 1090

【밀 도】 1.738

【존 재 도】 [지구] 2만 3000ppm
[우주] 1.074×10^6

【존재 장소】 돌로마이트(세계 각지),
마그네사이트(중국, 러시아, 북한 등)

【가 격】 2310원(1kg당) ◆ 순마그네슘

【발 견 자】 블랙(스코틀랜드)

【발견 연도】 1755년

원소 이름의 유래

그리스의 마그네시아 지역에 있던 마그네시아석

발견 당시 일화

마그네슘을 가장 처음 원소로 인식한 사람은 블랙이다. 1808년 데이비가 전기분해법으로 금속을 단리하고 마그네슘이라고 이름 붙였다.

알루미늄

Aluminium

82000ppm

알루미늄은 지각 내에서 산소와 규소에 이어 금속 원소로서 가장 풍부하게 존재한다. 19세기 중반 금속 알루미늄이 공업적으로 생산되기 전까지는 매우 귀한 금속이었다. 무게가 가볍고 잘 부식되지 않는 장점을 활용하여 현재는 대량 생산을 통해 일상생활에서 흔하게 이용된다.

금속 알루미늄은 은백색의 경금속이다. 공기 중에서는 표면이 얇은 산화 보호막에 싸여 있어서 내부까지 산소가 도달하지 않아 잘 부식되지 않는다.

일본의 1엔짜리 동전에도 쓰이고, 철도 차체 외에도 항궤양제 등 폭넓은 분야에서 활용된다.

기초 데이터

【양성자 수】13 【가전자 수】3
【원 자 량】26.9815385
【녹 는 점】660.32 【끓 는 점】2467
【밀 도】2.6989
【존 재 도】[지구] 8만 2000ppm
[우주] 8.49×10^{4}
【존재 장소】보크사이트(기니아 등)
【가 격】1400원(1kg당) ♣
알루미늄 원석 99.7%
【발 견 자】한스 외르스테드(스웨덴)
【발견 연도】1825년

원소 이름의 유래

고대 그리스·로마시대에서 명반을 부르던 옛 이름 알루멘(alumen)

발견 당시 일화

1807년 데이비가 명반에서 얻은 금속산화물을 '알루미늄'이라고 이름 붙였다. 이어서 1825년 외르스테드가 순수 금속의 단리에 성공했다. 근대 들어 미국의 찰스 마틴 홀과 프랑스의 폴 루이스 에루가 각각 독자적으로 알루미늄의 공업적 생산방법을 개발했다.

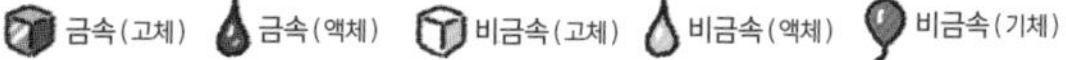
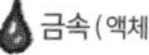
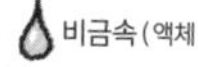
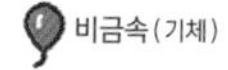

금속(고체) 금속(액체) 비금속(고체) 비금속(액체) 비금속(기체)

14 Si 규소

Silicon

277100ppm

규소는 대표적인 반도체다. 실리콘이라는 영문 이름이 더 익숙한 사람도 있을 것이다. 반도체란 조건에 따라 전기가 통하거나 통하지 않는 물질을 말한다.

이 반도체로서의 성질을 이용하여 개발된 것이 LSI(반도체 집적회로)다. 현재는 컴퓨터 등의 각종 전자제품에 탑재되어 있다. 따라서 규소는 현대 전기·전자 문명의 기둥 원소라고 부를 수 있다.

또 규소는 태양전지의 중요한 재료로 규소 결정은 태양광 패널의 재료로 가장 많이 보급되어 있다.

	1	2	3	4	5	6	7	8	9	10	11	12	13	14	15	16	17	18
1	1 H																	2 He
2	3 Li	4 Be											5 B	6 C	7 N	8 O	9 F	10 Ne
3	11 Na	12 Mg											13 Al	14 Si	15 P	16 S	17 Cl	18 Ar
4	19 K	20 Ca	21 Sc	22 Ti	23 V	24 Cr	25 Mn	26 Fe	27 Co	28 Ni	29 Cu	30 Zn	31 Ga	32 Ge	33 As	34 Se	35 Br	36 Kr
5	37 Rb	38 Sr	39 Y	40 Zr	41 Nb	42 Mo	43 Tc	44 Ru	45 Rh	46 Pd	47 Ag	48 Cd	49 In	50 Sn	51 Sb	52 Te	53 I	54 Xe
6	55 Cs	56 Ba	57~71	72 Hf	73 Ta	74 W	75 Re	76 Os	77 Ir	78 Pt	79 Au	80 Hg	81 Tl	82 Pb	83 Bi	84 Po	85 At	86 Rn
7	87 Fr	88 Ra	89~103	104 Rf	105 Db	106 Sg	107 Bh	108 Hs	109 Mt	110 Ds	111 Rg	112 Cn	113 Nh	114 Fl	115 Mc	116 Lv	117 Ts	118 Og
				57 La	58 Ce	59 Pr	60 Nd	61 Pm	62 Sm	63 Eu	64 Gd	65 Tb	66 Dy	67 Ho	68 Er	69 Tm	70 Yb	71 Lu
				89 Ac	90 Th	91 Pa	92 U	93 Np	94 Pu	95 Am	96 Cm	97 Bk	98 Cf	99 Es	100 Fm	101 Md	102 No	103 Lr

기초 데이터

【양성자 수】 14 **【가전자 수】** 4
【원 자 량】 28.084~28.086
【녹 는 점】 1410 **【끓 는 점】** 2355
【밀 도】 2.3296
【존 재 도】 [지구] 27만 7100ppm
[우주] 1.00×10^6
【존재 장소】 석영 등(다수의 암석에 존재)
【가 격】 1650원(1kg당) ◆ 실리카(이산화규소)
【발 견 자】 얀스 야콥 베르셀리우스(스웨덴)
【발견 연도】 1824년

원소 이름의 유래

영문명은 라틴어 부싯돌(silicis 또는 silex)

발견 당시 일화

불화규소를 금속 칼륨으로 환원시켜 단리했다. 1854년 프랑스의 화학자 앙리 상트 클레르 드빌이 전기분해를 통해 순수한 규소 결정을 얻어냈다.

인
Phosphorus

1000ppm

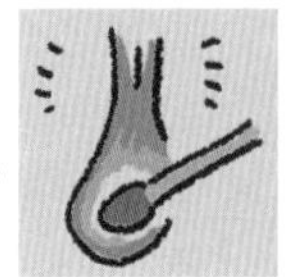

	1	2	3	4	5	6	7	8	9	10	11	12	13	14	15	16	17	18
1	1 H																	2 He
2	3 Li	4 Be											5 B	6 C	7 N	8 O	9 F	10 Ne
3	11 Na	12 Mg											13 Al	14 Si	15 P	16 S	17 Cl	18 Ar
4	19 K	20 Ca	21 Sc	22 Ti	23 V	24 Cr	25 Mn	26 Fe	27 Co	28 Ni	29 Cu	30 Zn	31 Ga	32 Ge	33 As	34 Se	35 Br	36 Kr
5	37 Rb	38 Sr	39 Y	40 Zr	41 Nb	42 Mo	43 Tc	44 Ru	45 Rh	46 Pd	47 Ag	48 Cd	49 In	50 Sn	51 Sb	52 Te	53 I	54 Xe
6	55 Cs	56 Ba	57~71	72 Hf	73 Ta	74 W	75 Re	76 Os	77 Ir	78 Pt	79 Au	80 Hg	81 Tl	82 Pb	83 Bi	84 Po	85 At	86 Rn
7	87 Fr	88 Ra	89~103	104 Rf	105 Db	106 Sg	107 Bh	108 Hs	109 Mt	110 Ds	111 Rg	112 Cn	113 Nh	114 Fl	115 Mc	116 Lv	117 Ts	118 Og
				57 La	58 Ce	59 Pr	60 Nd	61 Pm	62 Sm	63 Eu	64 Gd	65 Tb	66 Dy	67 Ho	68 Er	69 Tm	70 Yb	71 Lu
				89 Ac	90 Th	91 Pa	92 U	93 Np	94 Pu	95 Am	96 Cm	97 Bk	98 Cf	99 Es	100 Fm	101 Md	102 No	103 Lr

인은 생명체 내의 다양한 화합물을 구성하는 원소로 생물에 꼭 필요한 원소이다. 인은 DNA 등 유전물질을 생성하는 데 관여하며, 인산칼슘은 뼈와 치아를 만든다. 그뿐 아니라 생체의 에너지원인 ATP도 인 화합물이다. 근육은 ATP의 에너지를 사용하여 움직인다.

인은 성냥의 발화제로도 사용된다. 과거 '도깨비불'이라 불리던 심령현상은 매장된 사체에서 인이 땅 위로 나오며 연소하여 발생한다는 설이 퍼졌으나, 신빙성은 높지 않은 것으로 보인다.

기초 데이터

【양성자 수】 15 【가전자 수】 5
【원 자 량】 30.973761998
【녹 는 점】 44.2 【끓 는 점】 280
【밀 도】 1.82(백린)
【존 재 도】 [지구] 1000ppm
[우주] 1.04×10^4
【존재 장소】 인회석(모로코 등)
【가 격】 880원(1kg당) ◆ 인산(소재)
【발 견 자】 헤니히 브란트(독일)
【발견 연도】 1669년

원소 이름의 유래

그리스어로 빛(phos)과 운반하는 것(phoros)의 합성어

발견 당시 일화

연금술사 브란트가 사람의 소변에서 인을 추출했다. 체내에서 발견된 것은 매우 드문 사례다.

금속(고체) 금속(액체) 비금속(고체) 비금속(액체)
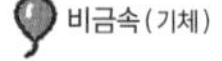

황
Sulfur

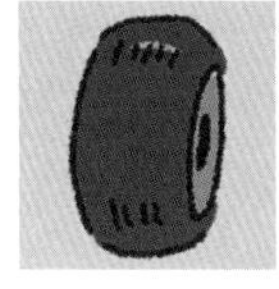

온천지대에 가면 흔히 '유황 냄새가 난다'라고 말하는데, 사실 이 냄새의 근원은 황 화합물인 황화수소다. 홑원소인 황은 냄새가 나지 않는다.

황은 고무에 탄력성을 주는 효과가 있다. 고무 타이어는 고무에 강도를 주는 탄소와 함께 황을 섞어 만든다. 도로를 달리는 자동차의 타이어에도 수 퍼센트의 비율로 황이 사용된다.

또 황은 성냥과 화약, 의약품의 원료로도 이용된다. 우리 몸에 필요한 필수아미노산 중 하나인 메티오닌에도 황이 포함되어 있다.

기초 데이터

【양성자 수】 16 【가전자 수】 6
【원 자 량】 32.059~32.076
【녹 는 점】 112.8(α), 119.0(β)
【끓 는 점】 444.674(β)
【밀 도】 2.07(α), 1.957(β)
【존 재 도】 [지구] 260ppm
[우주] 5.15×10^5
【존재 장소】 석고 등(석고는 가장 일반적으로 산출되는 황산염광물)
【가 격】 150원(1g당) ★
【발 견 자】 —
【발견 연도】 —

원소 이름의 유래

산스크리트어 불의 근원(sulvere)에서 유래한 라틴어 황(sulpur)

발견 당시 일화

황은 자연계에서 결정으로 산출되기 때문에 오래전부터 황의 존재는 알려져 있었다. 원소로서 처음 인지하여 발표한 이는 라부아지에다.

지각에 포함된 비율 인공원소

염소의 가장 흔한 예는 염화나트륨(소금)이다. 염소는 강한 산화력과 살균력이 있어서 의복과 식기류의 표백제, 마시는 물과 수영장 등의 소독제로 사용되고 있다. 염소를 함유한 가정용 표백제 등에 '위험하니 섞지 마시오'라는 경고문은 염소를 산성 물질과 섞으면 유독한 염소가스가 발생하기 때문이다. 염소가스는 제1차 세계대전에서 살상 무기로 쓰였을 만큼 독성이 강하다.

그 밖에도 염소 화합물은 식품용 랩(폴리염화비닐리덴)과 폴리염화비닐 등 다양한 제품에 사용되고 있다.

기초 데이터

【양성자 수】 17 【가전자 수】 7
【원 자 량】 35.446~35.457
【녹 는 점】 -101.0 【끓 는 점】 -33.97
【밀 도】 0.003214
【존 재 도】 [지구] 130ppm
[우주] 5240
【존재 장소】 암염 등(암염은 전 세계적으로 산출)
【가 격】 300원(1g당) ★ 과염소산
【발 견 자】 셸레(스웨덴)
【발견 연도】 1774년

원소 이름의 유래

그리스어의 황록색(chloros)

발견 당시 일화

이산화망가니즈에 염산을 처리하여 발견했다. 당시에는 화합물로 여겼으나 1810년 영국의 데이비가 원소로 인식했다.

금속(고체) 금속(액체) 비금속(고체) 비금속(액체) 비금속(기체)

아르곤이 사용되는 가장 친숙한 예로는 형광등을 들 수 있다. 형광등에는 수은 증기와 불활성 가스인 아르곤 가스가 충전되어 있다. 전극에 전자가 방출되면 전자가 튀어 나가 수은 원자에 부딪힌다. 이때 발생하는 적외선이 유리관 안쪽에 도포된 형광체에 닿아 백색 가시광이 발생한다. 불활성 가스 이외의 기체일 경우, 많은 양의 전류가 흐르게 되지만 아르곤 가스를 주입하면 전자의 방출이 일정하게 유지된다.

또 주택 등에 단열성을 높이기 위해 사용하는 복층 유리는 유리 두 장 사이에 아르곤 가스를 주입한 것이다.

기초 데이터

【양성자 수】 18 【가전자 수】 0
【원 자 량】 39.948
【녹 는 점】 -189.3 【끓 는 점】 -185.8
【밀 도】 0.001784
【존 재 도】 [지구] 1.2ppm
[우주] 1.04×10^5
【존재 장소】 공기 중
【가 격】 8500원(1m³당) ♣
【발 견 자】 존 윌리엄 레일리(잉글랜드)
【발견 연도】 1894년

원소 이름의 유래

그리스어로 게으름뱅이(argos)

발견 당시 일화

1892년 영국의 과학자 레일리가 아르곤의 존재를 시사하는 논문을 발표했다. 이를 읽은 램지가 연구에 참여하여 대기 중에서 새로운 기체를 분리하는 데 성공해 아르곤이라고 이름 붙였다.

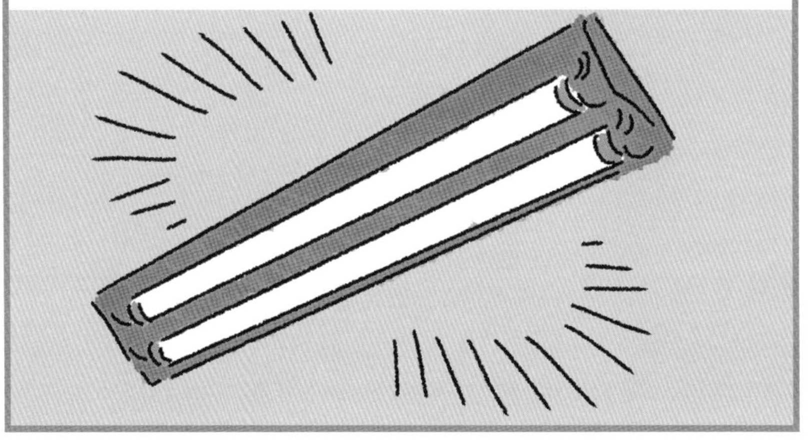

지각에 포함된 비율 인공원소

소금이면 소금이지 '저염 소금'은 무엇일까?

염분을 지나치게 많이 섭취하면 고혈압 등의 성인병에 걸리기 쉽다고 알려져 있다. 그래서 요즘에는 저염 간장, 저염 된장 등 염분을 줄인 상품이 판매된다. '저염 소금'은 이러한 상품 중 하나다. 그런데 소금이면 소금이지 저염 소금이라니, 대체 무엇일까?

일반적인 식염은 주성분이 염화나트륨($NaCl$)이다. 염화나트륨은 체내에 흡수되면 나트륨 이온(Na^+)과 염화물 이온(Cl^-)으로 나뉜다. **이때 나트륨 이온이 혈압을 상승시킨다고 한다.**

그래서 저염 소금은 염화나트륨의 일부가 염화칼륨(KCl)으로 대체되어 있다. 소금을 줄인 것과 같은 효과를 얻을 수 있다는 것은 이런 이유에서다. 나아가 염화칼륨이 나뉠 때 발생하는 칼륨 이온(K^+)은 혈액 안에서 나트륨 이온과 수분을 배출하여 혈압을 낮추는 효과도 있다고 한다. 이것이 저염 소금의 정체다.

주 : 염 소금은 신장에 부담을 주기 때문에 신장에 장애가 있는 사람은 섭취하지 않도록 한다.

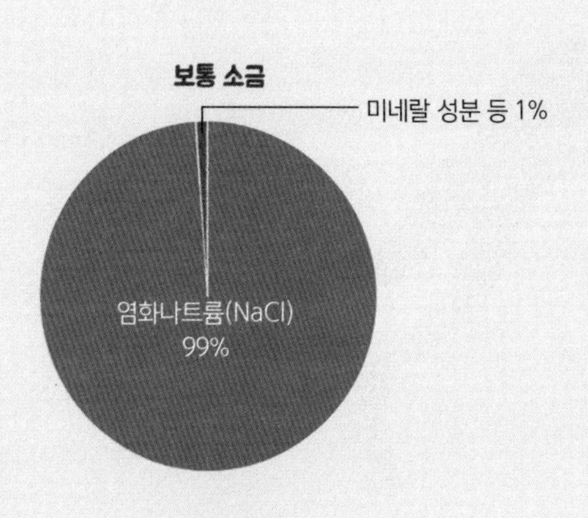
보통 소금
미네랄 성분 등 1%
염화나트륨(NaCl)
99%

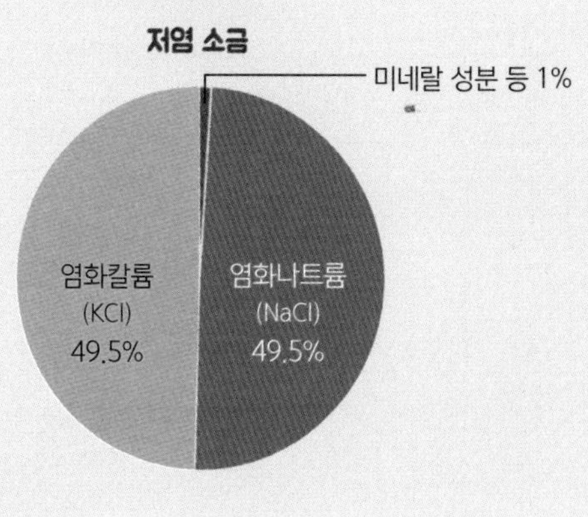
저염 소금
미네랄 성분 등 1%
염화칼륨
(KCl)
49.5%
염화나트륨
(NaCl)
49.5%

칼륨은 질소, 인과 함께 식물에 가장 많은 원소이다. 식물에 주는 비료에 이 세 원소를 함유한 화합물이 들어 있다.

식물의 기공은 산소와 이산화탄소가 들고나는 중요한 기관이다. 여기서 칼륨은 기공의 개폐에 중요한 역할을 한다. 기공 세포 내에 칼륨 이온이 흡수되면 세포 안팎의 이온 농도에 차이가 생기면서 기공의 개폐가 일어난다.

칼륨 화합물은 그 밖에도 성냥, 불꽃놀이, 비누 등의 제조에 쓰인다.

기초 데이터

【양성자 수】 19 【가전자 수】 1
【원 자 량】 39.0983
【녹 는 점】 63.65 【끓 는 점】 774
【밀 도】 0.862
【존 재 도】 [지구] 2만 1000ppm
[우주] 3770
【존재 장소】 칼리암염, 카널라이트 (캐나다, 러시아 등)
【가 격】 380원(1kg당) ◆ 염화칼륨
【발 견 자】 데이비(잉글랜드)
【발견 연도】 1807년

원소 이름의 유래

아랍어로 알칼리(qali)

발견 당시 일화

수산화칼륨의 전기분해 과정에서 단리되었다. 칼륨은 전기분해법으로 얻은 최초의 원소이다.

금속(고체) 금속(액체)  비금속(고체) 비금속(액체) 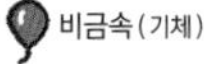 비금속(기체)

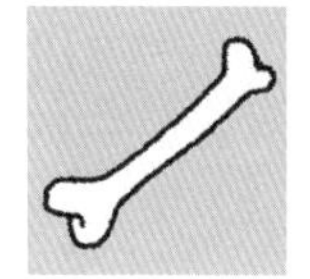

칼슘이라고 하면 뼈를 먼저 떠올리는 사람이 많을 것이다. 칼슘은 척추동물의 체내에서 뼈와 치아를 만드는 인산칼슘에 들어 있다.

칼슘은 근육이 수축할 때도 필요하다. 뼈의 칼슘은 혈액으로 방출되어 호르몬 등의 작용을 돕는 칼슘 저장소로 이용된다. 또 칼슘이 부족하면 불안감이 생긴다는 사실이 알려지면서 칼슘을 이용한 건강식품도 보급되고 있다.

그 밖에도 건물을 짓는 데 사용되는 시멘트에도 칼슘이 쓰인다.

기초 데이터

【양성자 수】 20 【가전자 수】 2
【원 자 량】 40.078
【녹 는 점】 839 【끓 는 점】 1484
【밀 도】 1.55
【존 재 도】 [지구] 4만 1000ppm
[우주] 6.11×10^4
【존재 장소】 석회, 방해석
(석회암으로 세계 각지에 존재)
【가 격】 57원(1g당) ★ 산화칼슘
【발 견 자】 데이비(잉글랜드)
【발견 연도】 1808년

원소 이름의 유래

라틴어로 석회(calx)

발견 당시 일화

데이비가 석회를 전기분해하여 발견하여 칼슘이라는 이름을 붙였다.

지각에 포함된 비율 인공원소

스칸듐
Scandium

16ppm

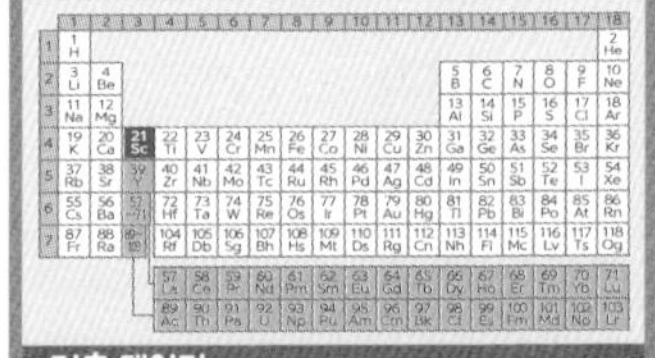

스칸듐은 존재량이 적고 가격도 비싸서 용도 개발이 많이 진행되지는 않았다. 스칸듐을 이용한 램프는 태양광에 가까운 빛을 구현할 수 있어 야구장 등의 야외 조명으로 사용된다.

스칸듐 램프는 주입하는 금속을 조합하여 효율, 수명, 광색 등의 특성을 바꿀 수 있는 장점이 있다. 그러나 최근에는 전력비용 등의 관점에서 LED 라이트로 전환되는 추세다.

기초 데이터

【양성자 수】21 【가전자 수】—
【원 자 량】44.955908
【녹 는 점】1541 【끓 는 점】2831
【밀 도】2.989
【존 재 도】[지구] 16ppm
[우주] 33.8
【존재 장소】토르트바이타이트(노르웨이, 러시아 등)
【가 격】12만 원(1g당) ★ 불화스칸듐
【발 견 자】라스 닐손(스웨덴)
【발견 연도】1879년

원소 이름의 유래

라틴어로 스웨덴(scandia)

발견 당시 일화

닐손이 가돌리나이트라는 광물에서 발견하여 스칸듐이라는 이름을 붙였다.

타이타늄
Titanium

5600ppm

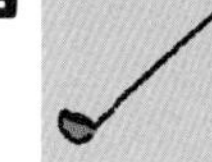

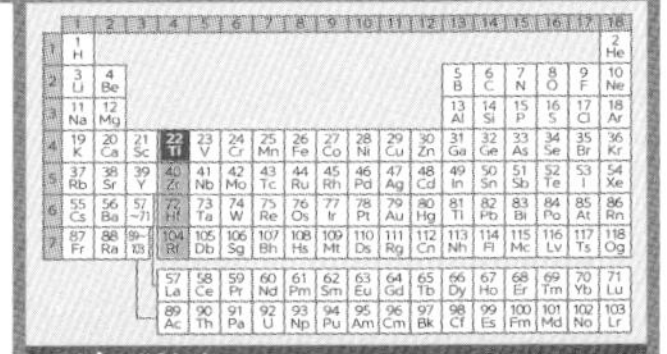

타이타늄은 강하고 가벼우며 녹도 잘 슬지 않는 뛰어난 특징이 있다. 액세서리와 안경테, 골프클럽 등 다양한 용도로 개발되어 현대사회에서는 알루미늄과 나란히 큰 역할을 한다.

화합물인 이산화타이타늄은 빛(자외선)이 닿으면 광촉매 효과와 물이 튕겨 나가지 않도록 하는 친수화 기능을 한다. 화장실 바닥에 사용하면 때도 잘 닦이고 냄새도 잘 나지 않는다.

기초 데이터

【양성자 수】22 【가전자 수】—
【원 자 량】47.867
【녹 는 점】1660 【끓 는 점】3287
【밀 도】4.54
【존 재 도】[지구] 5600ppm
[우주] 2400
【존재 장소】금홍석, 타이타늄철석(인도 등)
【가 격】8760원(1kg당) ◆ 암석(괴) 및 분말
【발 견 자】윌리엄 그레고르(잉글랜드),
마르틴 클라프로트(독일)
【발견 연도】1791년

원소 이름의 유래

그리스 신화의 거인 타이탄(Titan)

발견 당시 일화

그레고르가 강의 모래를 채집한 검은색 물질에서 발견하고 마르틴 클라프로트가 이름을 붙였다.

금속(고체) 금속(액체) 비금속(고체) 비금속(액체) 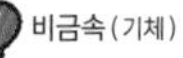

바나듐
Vanadium

160ppm

바나듐은 단단하며 내식성·내열성이 뛰어난 금속이다. 홑원소로는 화학 공장용 배관 등에 이용된다. 바나듐을 첨가한 철강은 원자로와 터보엔진의 터빈 등 고온 환경에서 사용되고 있다.

그 밖에도 드릴, 스패너 등의 공구에도 쓰인다. 바나듐을 이용한 충전이 가능한 전지(2차전지)는 환경에 부담이 적고 발전효율이 높은 특징이 있다.

기초 데이터

【양성자 수】 23 【가전자 수】 –
【원 자 량】 50.9415
【녹 는 점】 1887 【끓 는 점】 3377
【밀 도】 6.11
【존 재 도】 [지구] 160ppm
[우주] 295
【존재 장소】 카노타이트, 파트로나이트(중국 등)
【가 격】 1만 3700원(1kg당) ◆
【발 견 자】 델 리오(스페인), 닐스 세프스트룀(스웨덴)
【발견 연도】 1801년, 1830년

원소 이름의 유래

스칸디나비아의 여신 바나디스(Vanadis)

발견 당시 일화

델 리오가 최초로 발견했으나 프랑스의 화학자가 오류를 지적해 철회되었다. 이후 닐스 세프스트룀이 재발견했다.

크로뮴
Chromium

100ppm

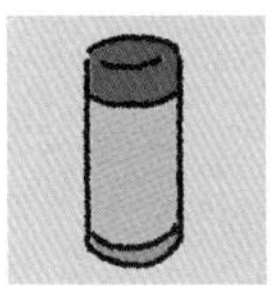

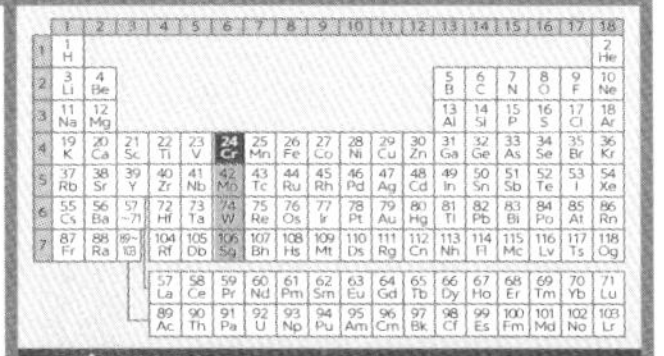

병 또는 주방 싱크대 등에 사용되는 스테인리스는 우리에게 익숙하다. 여기서 스테인리스란 크로뮴과 철의 합금을 말한다.

크로뮴은 내식성이 뛰어나다. 도금하면 마찰과 녹으로부터 금속을 보호할 수 있어서 코팅하여 자동차 장식 부분 등에 사용한다.

또 크로뮴은 3가 크로뮴의 형태로 땅콩 등 콩류와 현미에 함유되어 있다.

기초 데이터

【양성자 수】 24 【가전자 수】 –
【원 자 량】 51.9961
【녹 는 점】 1860 【끓 는 점】 2671
【밀 도】 7.19
【존 재 도】 [지구] 100ppm
[우주] 1.34×10^4
【존재 장소】 크로뮴 철광,
홍연광(카자흐스탄, 남아프리카, 인도 등)
【가 격】 1만 1140원(1kg당) ◆
암석 및 분말
【발 견 자】 루이 니콜라 보클랭(프랑스)
【발견 연도】 1797년

원소 이름의 유래

그리스어로 색(chroma)

발견 당시 일화

시베리아의 홍연광에서 채취한 크로뮴의 산화물을 환원시켜 크로뮴 금속을 발견했다.

지각에 포함된 비율 인공원소

망가니즈 Manganese

	1	2	3	4	5	6	7	8	9	10	11	12	13	14	15	16	17	18
1	1 H																	2 He
2	3 Li	4 Be											5 B	6 C	7 N	8 O	9 F	10 Ne
3	11 Na	12 Mg											13 Al	14 Si	15 P	16 S	17 Cl	18 Ar
4	19 K	20 Ca	21 Sc	22 Ti	23 V	24 Cr	25 Mn	26 Fe	27 Co	28 Ni	29 Cu	30 Zn	31 Ga	32 Ge	33 As	34 Se	35 Br	36 Kr
5	37 Rb	38 Sr	39 Y	40 Zr	41 Nb	42 Mo	43 Tc	44 Ru	45 Rh	46 Pd	47 Ag	48 Cd	49 In	50 Sn	51 Sb	52 Te	53 I	54 Xe
6	55 Cs	56 Ba	57~71	72 Hf	73 Ta	74 W	75 Re	76 Os	77 Ir	78 Pt	79 Au	80 Hg	81 Tl	82 Pb	83 Bi	84 Po	85 At	86 Rn
7	87 Fr	88 Ra	89~103	104 Rf	105 Db	106 Sg	107 Bh	108 Hs	109 Mt	110 Ds	111 Rg	112 Cn	113 Nh	114 Fl	115 Mc	116 Lv	117 Ts	118 Og
				57 La	58 Ce	59 Pr	60 Nd	61 Pm	62 Sm	63 Eu	64 Gd	65 Tb	66 Dy	67 Ho	68 Er	69 Tm	70 Yb	71 Lu
				89 Ac	90 Th	91 Pa	92 U	93 Np	94 Pu	95 Am	96 Cm	97 Bk	98 Cf	99 Es	100 Fm	101 Md	102 No	103 Lr

망가니즈(망간)는 우리에게 건전지로 친숙한 물질로 망간건전지로 잘 알려져 있다. 현재는 더 큰 용량의 알칼리건전지가 널리 사용되고 있다. 사실 알칼리건전지의 정식 명칭은 알칼리망간건전지로, 알칼리건전지에도 망가니즈가 이용된다.

망가니즈는 매우 무른 성질이 있어서 철에 첨가해 망가니즈(망간)강으로 제조하여 충격과 마모에 강하게 만든다. 망가니즈를 섞어 철강의 질을 높이거나, 순수 알루미늄에 망가니즈를 추가해 경도와 강도를 높이는 데도 쓴다.

기초 데이터

【양성자 수】 25　　【가전자 수】 —
【원 자 량】 54.938044
【녹 는 점】 1244　　【끓 는 점】 1962
【밀 도】 7.44
【존 재 도】 [지구] 950ppm
[우주] 9510
【존재 장소】 연망가니즈광, 하우스만광, 해저 망가니즈단괴(남아프리카 등)
【가 격】 160원(1kg당) ◆ 광석
【발 견 자】 요한 고틀리에브 간(스웨덴)
【발견 연도】 1774년

원소 이름의 유래

라틴어 자석(magnes)으로 1808년 독일의 클라프로트가 마그네슘과 혼동된다고 하여 '망가니즈'라는 이름을 제안했다.

발견 당시 일화

스웨덴 화학자 셸레가 연망가니즈광에서 새로운 원소로 발견했다. 이어 셸레의 지인인 요한 간이 금속을 홑원소로 분리하는 데 성공했다.

금속(고체) 금속(액체) 비금속(고체) 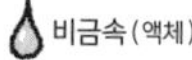 비금속(액체) 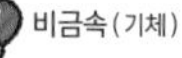 비금속(기체)

철
Iron

  41000ppm

철은 우리 생활에서 핵심적인 역할을 하는 금속 원소다. 조형이 쉽고 단단하며 튼튼해서 자동차 차체, 철로, 캔 등 다양한 분야에 여러 용도로 사용된다.

철은 우리 몸에도 존재하는데 혈액 내 적혈구에 포함된 헤모글로빈에 들어 있다. 철은 산소가 풍부한 곳(폐 등)으로 이동하면 산소와 결합한다. 반대로 산소가 적은 곳에서는 운반 중이던 산소를 떼어놓는 성질이 있다. 철의 이러한 성질은 폐로 들이마신 산소를 체내 각 부분으로 옮겨주는 '짐꾼' 역할을 한다.

	1	2	3	4	5	6	7	8	9	10	11	12	13	14	15	16	17	18
1	1 H																	2 He
2	3 Li	4 Be											5 B	6 C	7 N	8 O	9 F	10 Ne
3	11 Na	12 Mg											13 Al	14 Si	15 P	16 S	17 Cl	18 Ar
4	19 K	20 Ca	21 Sc	22 Ti	23 V	24 Cr	25 Mn	26 Fe	27 Co	28 Ni	29 Cu	30 Zn	31 Ga	32 Ge	33 As	34 Se	35 Br	36 Kr
5	37 Rb	38 Sr	39 Y	40 Zr	41 Nb	42 Mo	43 Tc	44 Ru	45 Rh	46 Pd	47 Ag	48 Cd	49 In	50 Sn	51 Sb	52 Te	53 I	54 Xe
6	55 Cs	56 Ba	57~71	72 Hf	73 Ta	74 W	75 Re	76 Os	77 Ir	78 Pt	79 Au	80 Hg	81 Tl	82 Pb	83 Bi	84 Po	85 At	86 Rn
7	87 Fr	88 Ra	89~103	104 Rf	105 Db	106 Sg	107 Bh	108 Hs	109 Mt	110 Ds	111 Rg	112 Cn	113 Nh	114 Fl	115 Mc	116 Lv	117 Ts	118 Og
				57 La	58 Ce	59 Pr	60 Nd	61 Pm	62 Sm	63 Eu	64 Gd	65 Tb	66 Dy	67 Ho	68 Er	69 Tm	70 Yb	71 Lu
				89 Ac	90 Th	91 Pa	92 U	93 Np	94 Pu	95 Am	96 Cm	97 Bk	98 Cf	99 Es	100 Fm	101 Md	102 No	103 Lr

기초 데이터

【양성자 수】 26 【가전자 수】 –
【원 자 량】 55.845
【녹 는 점】 1535 【끓 는 점】 2750
【밀 도】 7.874
【존 재 도】 [지구] 4만 1000ppm
[우주] 9.00×10^5
【존재 장소】 적철광, 자철광
(중국, 우크라이나, 러시아 등)
【가 격】 35만 5000원(1t당) ♣ 철스크랩
【발 견 자】 –
【발견 연도】 –

원소 이름의 유래

켈트계 고어로 성스러운 금속(isamo)

발견 당시 일화

기원전 5000년경부터 사용되어온 것으로 알려져 있다.

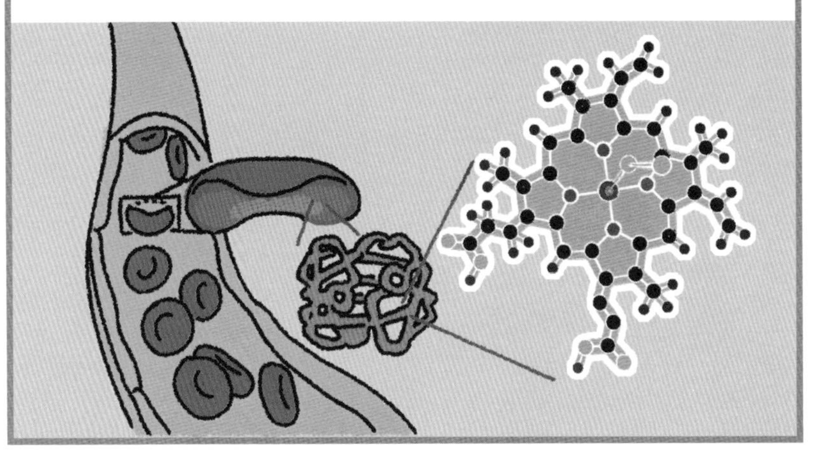

지각에 포함된 비율 인공원소

코발트
Cobalt

20ppm

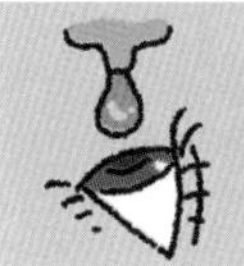

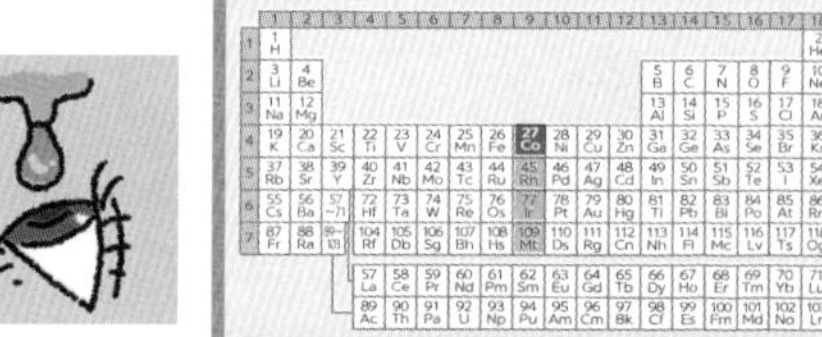

코발트는 합금으로 제조하면 단단하고 튼튼해진다. 그중에서도 코발트와 니켈, 크로뮴, 몰리브데넘 등의 합금은 고온에서도 강도가 높아 항공기, 터빈 등에 사용된다.

코발트는 생명체에 필수적인 물질로 비타민 B_{12}를 구성하는 중심 원소다. 눈의 충혈을 막는 안약에도 사용된다. 또 도기와 유리 등에 파란색을 내는 데 색소로 쓰이기도 했다.

기초 데이터

【양성자 수】 27 【가전자 수】 –
【원 자 량】 58.933194
【녹 는 점】 1495 【끓 는 점】 2870
【밀 도】 8.90
【존 재 도】 [지구] 20ppm
[우주] 2250
【존재 장소】 스몰타이트, 휘코발트광
(콩고, 쿠바 등)
【가 격】 30원(1g당) ◆ 암석 및 분말
【발 견 자】 게오르그 브란트(스웨덴)
【발견 연도】 1735년

원소 이름의 유래

독일 민요에 등장하는 산의 정령(kobold) 또는 그리스어로 광산(kobalos)

발견 당시 일화

1735년 브란트가 분리에 최초로 성공, 1780년 토르베른 베리만이 새로운 원소로 인식했다.

니켈

Nickel

80ppm

니켈은 상온에서 안정적인 금속으로 도금재료로 사용된다. 니켈합금에는 다양한 종류가 있어 우리 주변 곳곳에서 볼 수 있다. 우리나라와 일본에서 쓰는 동전도 니켈과 구리의 합금이다. 니켈을 함유한 형상기억합금은 인공위성 등에 쓰이는 태양전지 패널의 스프링 부분에도 사용된다. 또 니켈과 철의 합금은 MRI(자기공명영상장치)의 전자파 차폐에도 활용된다.

기초 데이터

【양성자 수】 28 【가전자 수】 –
【원 자 량】 58.6934
【녹 는 점】 1453 【끓 는 점】 2732
【밀 도】 8.902
【존 재 도】 [지구] 80ppm
[우주] 4.93×10^4
【존재 장소】 라테라이트, 황화석 등
(캐나다, 뉴칼레도니아 등)
【가 격】 1만 1200원(1kg당) ◆ 니켈괴
【발 견 자】 악셀 프레드리크 크론스테트(스웨덴)
【발견 연도】 1751년

원소 이름의 유래

독일어로 악마의 구리(Kupfernickel)

발견 당시 일화

1751년 크론스테트가 분리에 성공했다.

금속(고체) 금속(액체) 비금속(고체) 비금속(액체)  비금속(기체) 

구리는 인류가 가장 오래전부터 일상생활 속에 도입해온 원소 중 하나다. 기원전 8800년 무렵 천연 구리로 만든 것으로 보이는 작은 비즈가 이라크 북부에서 발견되기도 했다.

구리는 얇게 펴도 잘 훼손되지 않으며 잘 늘어나는 특성이 있다. 열과 전기 전도율이 금속 중에서는 은에 이어 두 번째로 높아 조리용 냄비나 전선으로 자주 사용된다.

일본의 10엔짜리 동전은 구리가 95%, 아연이 3~4%, 주석이 약 1~2% 섞여 있다. 일본에서는 1엔을 제외한 모든 동전에 구리가 포함되어 있다.

기초 데이터

【양성자 수】 29 【가전자 수】 –
【원 자 량】 63.546
【녹 는 점】 1083.4 【끓 는 점】 2567
【밀 도】 8.96
【존 재 도】 [지구] 55ppm
[우주] 522
【존재 장소】 황동석, 적동석 등
(칠레, 미국, 폴란드 등)
【가 격】 7350원(1kg당) ♣ 구리선
【발 견 자】 –
【발견 연도】 –

원소 이름의 유래

고대의 구리 산출지인 키프러스 섬
(라틴어로 Cuprum)

발견 당시 일화

오래전부터 알려진 원소 중 하나이다.

아연
Zinc

75ppm

아연도 일상에서 자주 사용된다. 철판 표면을 아연으로 도금하여 내식성을 높인 함석은 건축재료로 폭넓게 사용된다. 구리에 아연을 첨가해 만든 합금인 '놋쇠'는 가공이 쉽고 강도가 강해 악기 등에 이용되고 있다. '브라스밴드'의 '브라스'는 바로 이 '놋쇠'를 말한다.

아연은 우리 몸에도 필수적인 미네랄로, 부족하면 음식 맛을 잘 느끼지 못하기도 한다. 또 체내의 유해물질을 처리하거나 유해금속을 배출하는 등 생명 유지에 중요한 역할을 한다.

기초 데이터

【양성자 수】 30 【가전자 수】 –
【원 자 량】 65.38
【녹 는 점】 419.53 【끓 는 점】 907
【밀 도】 7.134
【존 재 도】 [지구] 75ppm
[우주] 1260
【존재 장소】 섬아연석 등(오스트레일리아 등)
【가 격】 2100원(1kg당) ♣ 신절* 아연
【발 견 자】 마르크그라프(독일)
【발견 연도】 1746년

*일본의 공업규격인 JIS 규격에 준하는 제품을 새 용도에 맞춰 절단한 것

원소 이름의 유래

페르시아어로 돌(sing), 독일어로 포크의 끝부분(Zink)

발견 당시 일화

홑원소 금속으로 13세기 무렵 인도에서 제조가 시작된 것으로 알려져 있다. 1746년 마르크그라프가 능아연석을 채굴하여 아연을 분리하는 방법을 책으로 남겼다.

금속(고체) 금속(액체) 비금속(고체) 비금속(액체) 비금속(기체)
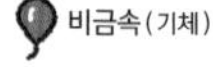

갈륨
Gallium

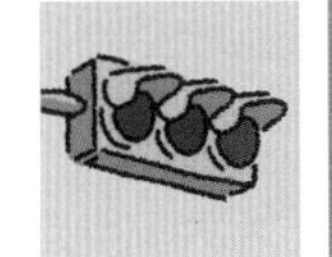

갈륨은 금속 중에서는 드물게 비교적 낮은 온도에서 물러지는 금속이다. 녹는점이 높지 않고 끓는점은 높아 넓은 온도 범위에서 액체 상태다.

발광 다이오드(LED)에도 쓰인다. 발광 다이오드의 황록색과 빨간색은 갈륨인(GaP)을, 파란색은 질화갈륨(GaN)을 재료로 만든다. 또 갈륨을 사용한 반도체는 실리콘보다 발열이 적어 컴퓨터와 휴대전화까지 폭넓게 이용되고 있다.

기초 데이터

【양성자 수】31 【가전자 수】3
【원 자 량】69.723
【녹 는 점】27.78 【끓 는 점】2403
【밀 도】5.907
【존 재 도】[지구] 18ppm
[우주] 37.8
【존재 장소】보크사이트(기니아 등),
갈라이트(나미비아 등)
【가 격】2만 6000원(1g당) ■
【발 견 자】부아보드랑(프랑스)
【발견 연도】1875년

원소 이름의 유래

발견자 조국의 라틴어명 갈리아(Gallia)

발견 당시 일화

아연의 발광 스펙트럼에서 미지의 선 두 개를 발견했다. 그 후 섬아연석에서 갈륨을 단리했다.

저마늄
Germanium

저마늄은 지각에 넓고 얇게 분포하는 원소다. 규소(실리콘)와 마찬가지로 반도체 성질이 있어서 전자부품에 이용되기도 한다. 인터넷 사회에 빼놓을 수 없는 광섬유로도 쓰인다.

최근 저마늄은 미용과 건강 분야에서 주목받고 있다. 그러나 인체에 대한 효과는 아직 명확하게 밝혀지지 않았다.

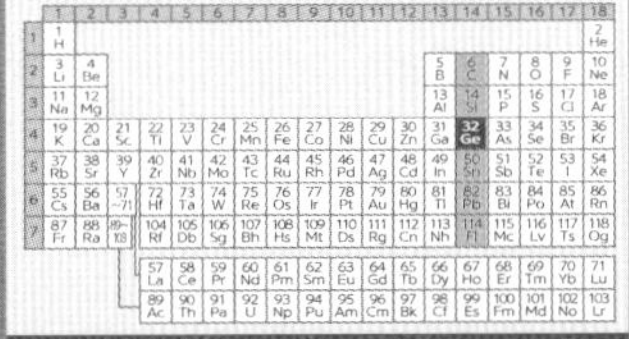

기초 데이터

【양성자 수】32 【가전자 수】4
【원 자 량】72.630
【녹 는 점】937.4 【끓 는 점】2830
【밀 도】5.323
【존 재 도】[지구] 1.8ppm
[우주] 119
【존재 장소】카르볼라이트(프랑스),
스토타이트(나미비아)
【가 격】1030원(1g당) ◆ 암석 및 분말
【발 견 자】클레멘스 빙클러(독일)
【발견 연도】1886년

원소 이름의 유래

발견자 빙클러의 모국인 독일의 고대 이름 게르마니아(Germania)

발견 당시 일화

황은저마늄석을 화학적으로 분석하던 중 발견했다.

지각에 포함된 비율 인공원소

비소
Arsenic

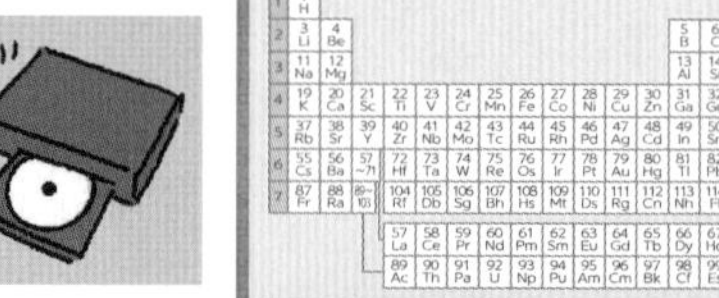

1.5ppm

비소 화합물은 독성이 있어서 예로부터 독약으로 사용되어온 것으로 알려져 있다. 그러나 최근에는 비소 화합물인 삼산화비소가 급성전골수성백혈병 치료에 이용되고 있다.

갈륨과의 화합물인 갈륨비소는 반도체로 휴대전화의 회로 등에 쓰인다. 또 CD/DVD 디스크의 녹음·재생에 사용되는 적색광에도 갈륨비소가 쓰인다.

기초 데이터

【양성자 수】 33 【가전자 수】 5
【원 자 량】 74.921595
【녹 는 점】 817(회색, 28기압)
【끓 는 점】 616(회색, 승화)
【밀 도】 5.78(회색)
【존 재 도】 [지구] 1.5ppm
[우주] 6.56
【존재 장소】 석황(페루 등), 계관석(페루 등)
【가 격】 –
【발 견 자】 하인리히 마그누스(독일)
【발견 연도】 13세기

원소 이름의 유래

그리스어로 황색 색소(유황)(arsenikon)

발견 당시 일화

비소 화합물을 기름에 섞어 발열시키는 방법으로 홑원소 물질을 얻었다.

셀레늄
Selenium

0.05ppm

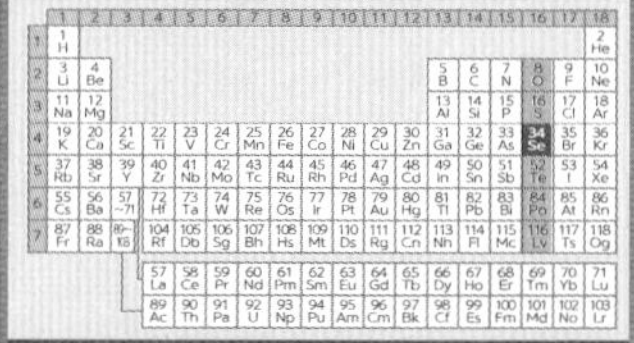

셀레늄은 반응성이 풍부한 원소로 거의 모든 원소와 결합할 수 있다. 인체에 필수적인 미네랄로 성인병 예방 등 다양한 효용이 있다. 그러나 지나치게 많은 양을 섭취하면 강한 독성을 나타내기도 한다. 셀레늄을 이용한 아몰퍼스(비결정화된 고체) 셀레늄 막은 야간 촬영용 카메라의 영상관으로 사용된다. 셀레늄 화합물은 광전도성이 있어 복사기 등에도 이용되고 있다.

기초 데이터

【양성자 수】 34 【가전자 수】 6
【원 자 량】 78.971
【녹 는 점】 217(금속)
【끓 는 점】 684.9(금속, 결정)
【밀 도】 4.79(금속)
【존 재 도】 [지구] 0.05ppm
[우주] 62.1
【존재 장소】 황화물과 함께 산출
【가 격】 1130원(1g당) ■ 입자상
【발 견 자】 베르셀리우스, 간(모두 스웨덴)
【발견 연도】 1817년

원소 이름의 유래

그리스어로 달의 여신(selene)

발견 당시 일화

베르셀리우스와 간이 텔루륨과 매우 닮은 원소를 발견했다.

금속(고체) 금속(액체) 비금속(고체) 비금속(액체)

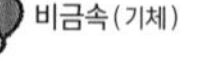

비금속(기체)

35 Br 브로민 Bromine

0.37ppm

브로민은 홑원소로는 자연적으로 존재하지 않고 광상 또는 해수 안에 브로민 화합물로 존재한다. 상온·상압에서는 액체이며 불쾌한 냄새가 난다. 화합물인 브로민화은은 사진 필름의 감광재에 사용된다. 브로민화은은 빛을 받으면 은이 분해되는데 이것이 사진의 상을 만든다. 그 밖에도 조개에서 유래한 티리언 퍼플이라는 선명한 자주색 염료에도 브로민이 들어간다.

기초 데이터

【양성자 수】 35 【가전자 수】 7
【원 자 량】 79.901~79.907
【녹 는 점】 -7.2 【끓 는 점】 58.78
【밀 도】 3.1226
【존 재 도】 [지구] 0.37ppm
[우주] 11.8
【존재 장소】 취은석(미국 등)
【가 격】 4000원(1g당) ★
【발 견 자】 앙투안 제롬 발라르(프랑스)
【발견 연도】 1825년

원소 이름의 유래

그리스어로 악취(bromos)

발견 당시 일화

발라르가 염분이 높은 호수의 물을 증발시켜 남은 물질을 연구하던 중에 발견했다. 해초의 재에서도 브로민이 발견되었다.

36 Kr 크립톤 Krypton

0.00001ppm

크립톤은 희가스에 속하는 비금속 원소이며 불활성 기체다. 다른 원소와 결합하여 화합물을 만들지 않고, 단독으로도 안정적으로 존재한다.

백열전구에 크립톤 가스를 주입한 것이 크립톤 전구다. 크립톤 가스는 열전도율이 낮아 전구 필라멘트의 수명을 늘리고 일반적인 백열전구보다 소형이면서도 밝은 빛을 낸다. 그 밖에 카메라 플래시 등에도 이용된다.

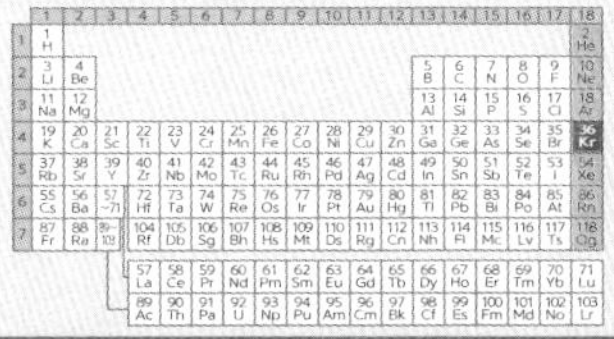

기초 데이터

【양성자 수】 36 【가전자 수】 0
【원 자 량】 83.798
【녹 는 점】 -156.66 【끓 는 점】 -152.3
【밀 도】 0.0037493
【존 재 도】 [지구] 0.00001ppm
[우주] 45
【존재 장소】 공기 중에 미량
【가 격】 —
【발 견 자】 램지(스코틀랜드),
트래버스(잉글랜드)
【발견 연도】 1898년

원소 이름의 유래

그리스어로 숨겨진 것(kryptos)

발견 당시 일화

끓는점의 차이를 이용해 액체 공기에서 분리해 냈다.

지각에 포함된 비율 인공원소

불소의 '불'이란 무엇일까?

일본에서는 원소 이름을 표기할 때 가타카나와 한자를 섞어서 쓰기도 한다. 플루오린의 다른 이름인 불소(弗素)도 그중 한 예다. 왜 '弗素(불소)'가 아닌 フッ素라고 쓰게 된 것일까?

사실 일본에서 불소는 원래 '弗素'라고 썼다. 이 원소 이름은 메이지시대의 물리학자인 이치카와 모리사부로(1852~1882)가 붙인 이름이다. '弗' 자를 쓰게 된 것은 에도시대의 난(蘭)학자 우다가와 요안(1798~1846)이 라틴어 원소 이름인 프류오리네(fluorine)를 일본어 발음으로 '弗律阿里涅'로 표기한 데서 시작되었다고 한다. **즉, 불소의 '불'이란 '弗律阿里涅'의 '弗'이었던 것이다(그 밖에도 여러 설이 있다).**

일본에서 '弗素'를 'フッ素'로 쓰게 된 것은 1946년 '弗' 자가 일본인들이 일상생활에서 사용하는 한자에서 빠지게 되면서부터였다. 원소 이름 フッ素가 탄생한 배경에는 이런 복잡한 사정이 있다. 일본에서 사용하는 ホウ素(붕소, B), ケイ素(규소, Si), ヒ素(비소, As), ヨウ素(요오드, I)도 비슷한 운명을 거친 원소 이름이다.

弗律阿里涅

루비듐
Rubidium

90ppm

루비듐의 동위원소 ^{87}Rb는 방사성원소이며 핵붕괴 시 스트론튬으로 변한다. 이 현상을 활용한 것이 수십억 년 전의 연대 측정에 사용되는 '루비듐·스트론튬 연대 측정법'이다. 태양계가 46억 년 전에 형성되었다는 사실도 이 방법을 통해서 알게 되었다.

그 밖에도 루비듐은 오차가 적은 루비듐 원자시계와 GPS 등의 루비듐 발진기에도 쓰인다.

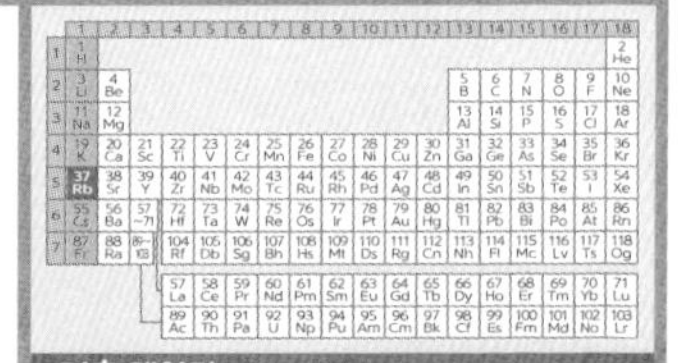

기초 데이터

【양성자 수】 37 【가전자 수】 1
【원 자 량】 85.4678
【녹 는 점】 39.31 【끓 는 점】 688
【밀 도】 1.532
【존 재 도】 [지구] 90ppm
[우주] 7.09
【존재 장소】 홍운모(리티아운모) 안에 3.15% 함유
【가 격】 30만 2000원(1g당) ★
【발 견 자】 로베르트 분젠, 구스타프 키르히호프 (모두 독일)
【발견 연도】 1861년

원소 이름의 유래

라틴어 진한 붉은색(rubidus)

발견 당시 일화

리튬이 함유된 홍운모(리티아운모)에서 스펙트럼 측정을 통해 발견했다.

스트론튬
Strontium

370ppm

스트론튬은 은백색의 부드러운 금속 원소로 물과 격렬하게 반응한다. 염화스트론튬은 연소 시 붉은색이 나타나 불꽃놀이와 경계 신호등 등에 사용되고 있다. 그 밖에 스트론튬 탄산염은 브라운관과 디스플레이용 유리의 원료로 이용되기도 한다. 후쿠시마 원전 사고 후 방사성 물질 중의 하나로 자주 접하는 스트론튬은 동위원소로 산업에 이용되는 것과는 다른 물질이다.

기초 데이터

【양성자 수】 38 【가전자 수】 2
【원 자 량】 87.62
【녹 는 점】 769 【끓 는 점】 1384
【밀 도】 2.54
【존 재 도】 [지구] 370ppm
[우주] 23.5
【존재 장소】 천청석, 스트론티안석(멕시코 등)
【가 격】 835원(1kg당) ◆ 탄산스트론튬
【발 견 자】 토마스 찰스 호프, 어데어 크로포드 (모두 영국)
【발견 연도】 1787년

원소 이름의 유래

광물 스트론티안석

발견 당시 일화

스코틀랜드의 광산에서 채굴한 광물을 분석하여 발견했다.

금속(고체) 금속(액체)

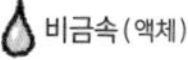

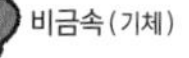

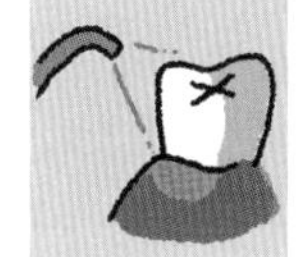

이트륨은 은백색 금속이다. 공기 중에서 잘 산화하는 특징이 있다. 이트륨과 알루미늄의 산화물은 충치와 기미를 제거하는 레이저 치료에 이용된다. 또 백색 LED를 만드는 재료이기도 하다.

그 밖에 이트륨은 브라운관의 적색 형광체, 자연색에 더 가까운 삼파장 형광등, 광학 렌즈, 세라믹, 합금 등에도 이용된다.

기초 데이터

【양성자 수】 39 【가전자 수】 –
【원 자 량】 88.90584
【녹 는 점】 1522 【끓 는 점】 3338
【밀 도】 4.47
【존 재 도】 [지구] 30ppm
[우주] 4.64
【존재 장소】 모나자이트, 배스트네스석(캐나다 등)
【가 격】 7700원(1kg당) ◆ 산화이트륨
【발 견 자】 요한 가돌린(핀란드), 칼 구스타프 모산더(스웨덴)
【발견 연도】 1794년, 1843년

원소 이름의 유래

스웨덴의 마을 이테르비(Ytterby)

발견 당시 일화

가돌린이 발견한 이트리아라는 산화물에서 모산더가 발견했다.

지르코늄
Zirconium

190ppm

지르코늄은 내열성과 내식성이 뛰어나 폭넓은 분야에 이용되고 있다. 지르코늄을 함유한 세라믹은 매우 단단하여 식도와 가위 등에 사용된다. 지르코늄은 물과 잘 반응하여 산화지르코늄으로 변하는 성질이 있다. 후쿠시마 원전의 수소 폭발은 연료봉을 감싸고 있던 지르코늄이 수증기와 반응하여 산화지르코늄으로 변하는 과정에서 수소가 대량으로 발생하여 일어났다.

기초 데이터

【양성자 수】 40 【가전자 수】 –
【원 자 량】 91.224
【녹 는 점】 1852 【끓 는 점】 4377
【밀 도】 6.506
【존 재 도】 [지구] 190ppm
[우주] 11.4
【존재 장소】 지르콘, 배덜라이트(미국 등)
【가 격】 5만 8740원(1kg당) ◆ 암석 및 분말
【발 견 자】 마르틴 클라프로트(독일)
【발견 연도】 1789년

원소 이름의 유래

아랍어로 보석의 금색, 지르콘(zargun)

발견 당시 일화

1789년 클라프로트가 스리랑카 섬에서 채굴한 광물을 연구하다 새로운 산화물을 발견했다.

지각에 포함된 비율 인공원소

나이오븀
Niobium

20ppm

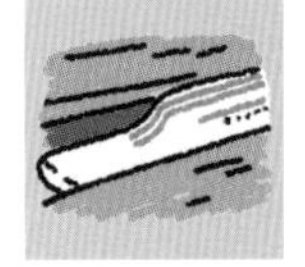

나이오븀(니오븀)은 금속에 첨가하여 내열성과 강도를 높이는 첨가제로 자주 이용된다.

그중에서도 나이오븀과 타이타늄의 합금은 극저온 하에서 초전도체가 되고 가공도 쉬워서 리니어 모터카, MRI 등의 전자석에도 사용된다. 나이오븀·타이타늄 합금보다 고온에서 초전도로 변하는 소재는 존재하지만 모두 무른 세라믹이라 가공이 어렵다는 문제점이 있다.

기초 데이터

【양성자 수】41 【가전자 수】—
【원 자 량】92.90637
【녹 는 점】2468 【끓 는 점】4742
【밀 도】8.57
【존 재 도】[지구] 20ppm
[우주] 0.698
【존재 장소】컬럼바이트(브라질, 캐나다 등)
【가 격】13만 3100원(1kg당) ◆
암석 및 분말
【발 견 자】찰스 해치트(잉글랜드)
【발견 연도】1801년

원소 이름의 유래

그리스 신화에 등장하는 왕 탄탈루스(Tantalus)의 딸 니오베(Niobe)

발견 당시 일화

해치트가 새 원소를 확인한 뒤 컬럼븀이라 불렀다. 1949년 나이오븀이라는 이름을 붙였다.

몰리브데넘
Molybdenum

1.5ppm

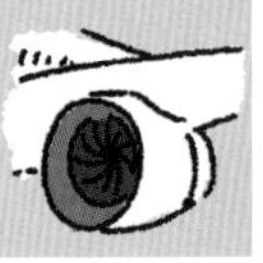

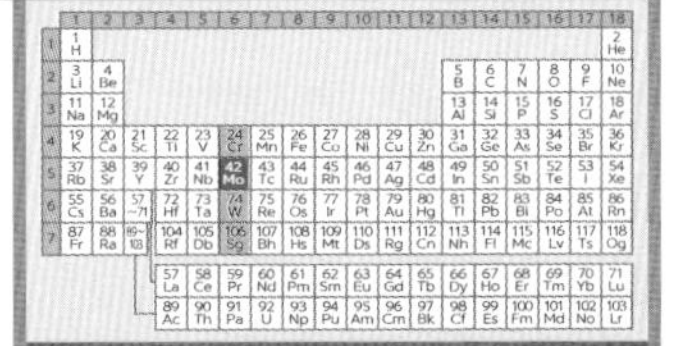

몰리브데넘의 대부분은 스테인리스강에 첨가하는 용도로 쓰인다. 강도와 내식성을 높여 항공기나 로켓의 엔진 등의 기계 소재 외에도 식도 같은 칼류와 공구에도 사용된다.

콩과식물의 뿌리에 공생하는 뿌리혹박테리아는 질소를 암모니아로 바꾸는 효소를 가지고 있는데, 이 효소에 몰리브데넘이 작용한다. 몰리브데넘은 인간과 식물에 필수적인 원소다.

기초 데이터

【양성자 수】42 【가전자 수】—
【원 자 량】95.95
【녹 는 점】2617 【끓 는 점】4612
【밀 도】10.22
【존 재 도】[지구] 1.5ppm
[우주] 2.55
【존재 장소】몰리브데나이트(미국, 칠레 등)
【가 격】2만 7500원(1kg당) ◆
암석 및 분말
【발 견 자】셸레, 페테르 옐름(홑원소)
(모두 스웨덴)
【발견 연도】1778년

원소 이름의 유래

그리스어로 납(molybdos)

발견 당시 일화

셸레가 휘수연석(몰리브데나이트) 광물에서 산화몰리브데넘을 얻었다.

금속(고체) 금속(액체) 비금속(고체) 비금속(액체) 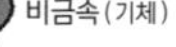 비금속(기체)

테크네튬
Technetium

테크네튬은 인공적으로 만든 첫 번째 원소로, 자연계에 안정적으로 존재하지 않는다. 모두 방사성 동위원소이며 암의 뼈 전이 여부를 진단하는 방사성진단시약에 사용된다. 1906년 일본인 오가와 마사타카가 43번째 원소를 발견했다고 보고하며 '니폰(일본)'을 따서 '니포늄'이라 이름 붙였다. 그러나 당시 발견되지 않았던 75번째 원소 레늄(Re)으로 밝혀져 인정받지 못했다.

기초 데이터

【양성자 수】 43 【가전자 수】 –
【원 자 량】 (97)
【녹 는 점】 2172 【끓 는 점】 4877
【밀 도】 11.5(계산치)
【존 재 도】 [지구] –
[우주] –
【존재 장소】 자연계에는 존재하지 않음
【가 격】 –
【발 견 자】 카를로 페리에르, 에밀리오 세그레(모두 이탈리아)
【발견 연도】 1936년

원소 이름의 유래

그리스어로 인공(tekhnetos)

발견 당시 일화

사이클로트론(전하를 띠는 입자를 가속시키는 가속기)으로 가속한 중양성자를 몰리브데넘에 쪼여 만든 방사성원소다.

루테늄
Ruthenium

0.001ppm

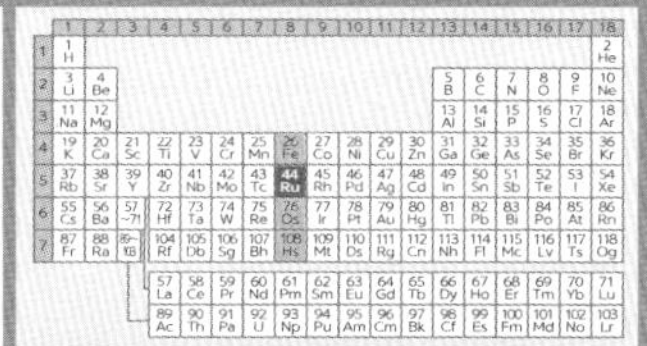

루테늄의 용도 중 하나로 컴퓨터 등의 하드디스크가 있다. 루테늄 박막을 하드디스크 표면에 코팅하면 기억 용량을 늘릴 수 있기 때문이다. 그 밖에도 장식품 등에 루테늄 도금이 이용되고 있다. 2001년 노벨상을 공동 수상한 일본의 노요리 료지 박사의 '키랄 촉매에 의한 수소화 반응' 연구에서 루테늄 화합물이 촉매로 쓰였다.

기초 데이터

【양성자 수】 44 【가전자 수】 –
【원 자 량】 101.07
【녹 는 점】 2310 【끓 는 점】 3900
【밀 도】 12.37
【존 재 도】 [지구] 0.001ppm
[우주] 1.86
【존재 장소】 황화석(캐나다 등)
【가 격】 3만 7400원(1g당) ■ 분말
【발 견 자】 고트프리트 오산(독일)
【발견 연도】 1828년

원소 이름의 유래

발견자 오산이 분석한 광물의 산지로 러시아를 의미하는 라틴어 러시아(Ruthenia)

발견 당시 일화

오산이 백금석 광물에서 발견했다. 1845년 러시아의 화학자 카를 클라우스가 순수 원소를 분리하는 데 성공했다.

지각에 포함된 비율 인공원소

로듐
Rhodium

 0.0002ppm

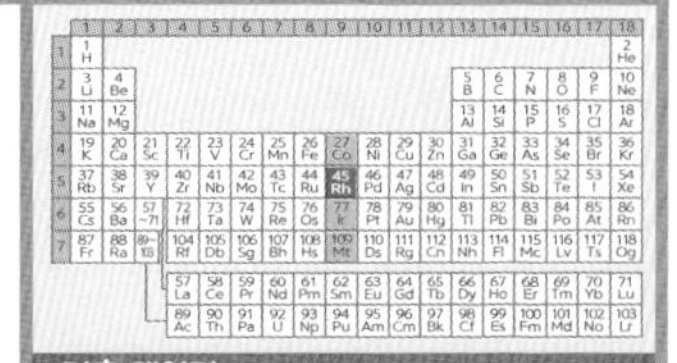

로듐은 단단하고 내식성·내마모성이 뛰어나며 아름다운 광택이 있다. 그래서 금속과 유리의 장식용 도금으로 사용되고 있다. 은 액세서리의 표면을 로듐으로 도금 가공하여 은의 독특한 변색과 오염을 막는 데 쓰이기도 한다.

산업용 로듐은 백금, 구리 등을 정련할 때 부산물로 생성된다. 배기가스의 질소산화물을 분해하는 성질이 있어 자동차 엔진에도 사용된다.

기초 데이터

【양성자 수】 45 【가전자 수】 –
【원 자 량】 102.90550
【녹 는 점】 1966 【끓 는 점】 3695
【밀 도】 12.41
【존 재 도】 [지구] 0.0002ppm
[우주] 0.344
【존재 장소】 황화석(캐나다 등)
【가 격】 2만 1960원(1g당) ◆ 분말
【발 견 자】 윌리엄 울러스턴(잉글랜드)
【발견 연도】 1803년

원소 이름의 유래

그리스어로 장미(rhodon)

발견 당시 일화

백금석 광물을 왕수(진한 염산과 진한 질산을 혼합한 용액)에 녹여 팔라듐과 함께 발견했다.

팔라듐
Palladium

0.0006ppm

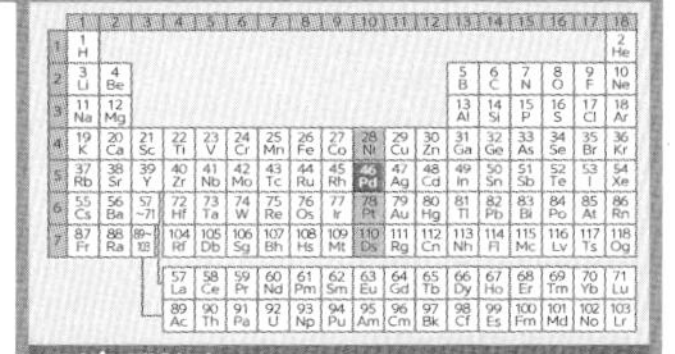

팔라듐합금은 기체를 잘 흡수하는 기능이 있다. 특히 수소일 경우 팔라듐합금 부피의 900배 이상 흡수할 수 있다. 이런 성질 때문에 수소 정제에 사용될 뿐 아니라 수소를 이용한 연료전지 등 미래의 수소 사회에도 주목받고 있다.

팔라듐은 로듐과 함께 자동차 배기가스에 포함된 질소산화물을 분해하는 데도 사용된다. 또 충치 치료에 금은 팔라듐 합금이 쓰인다.

기초 데이터

【양성자 수】 46 【가전자 수】 –
【원 자 량】 106.42
【녹 는 점】 1552 【끓 는 점】 3140
【밀 도】 12.02
【존 재 도】 [지구] 0.0006ppm
[우주] 1.39
【존재 장소】 황화석(캐나다)
【가 격】 2만 1960원(1g당) ◆ 주괴
【발 견 자】 울러스턴(잉글랜드)
【발견 연도】 1803년

원소 이름의 유래

소행성 팔라스(Pallas)

발견 당시 일화

백금석 광물을 왕수에 녹여 로듐과 함께 발견했다.

금속(고체) 금속(액체) 비금속(고체) 비금속(액체) 비금속(기체)

은은 예로부터 은화, 보석, 식기류로 이용됐다. 은은 황과 반응하면 검은색 황화은이 되기 때문에 은그릇을 사용하면 독극물인 비소가 섞여 있는지 아닌지 바로 알 수 있다. 중세에 독극물로 사용하던 비소는 순도가 낮고 황화물을 함유하고 있었다.

은은 빛 반사율이 가장 높은 금속으로 거울의 반사면에 사용된다. 최근에는 은 이온의 살균·항균 기능이 주목받고 있다. 은 이온을 함유한 물로 의류를 세탁하면 섬유가 코팅되어 세균 번식이 억제되는 효과가 있다.

기초 데이터

【양성자 수】 47 【가전자 수】 –
【원 자 량】 107.8682
【녹 는 점】 951.93 【끓 는 점】 2212
【밀 도】 10.500
【존 재 도】 [지구] 0.07ppm
[우주] 0.486
【존재 장소】 자연(천연)은, 휘은석 (캐나다, 멕시코, 미국 등)
【가 격】 2060원(1g당) ■ 입자상
【발 견 자】 –
【발견 연도】 –

원소 이름의 유래

고대 영어(앵글로색슨어)로 은(sioltur)

발견 당시 일화

오래전부터 알려져 있던 원소 중 하나다.

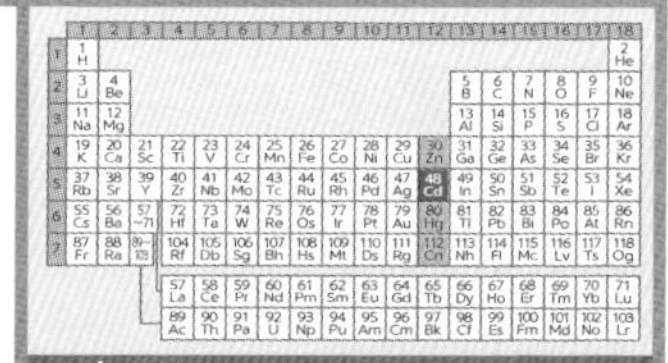

카드뮴의 대표적인 용도로는 니켈카드뮴전지가 있다. 니켈카드뮴전지란 전극의 양극에 니켈을, 음극에 카드뮴을 이용한 전지를 말한다. 수명이 길고 충전·방전이 수천 회 가능하다.

공기 중에서 안정적이기 때문에 도금재료로도 이용된다. 그림 도구, 페인트 등의 선명한 노란색인 카드뮴 옐로는 황화카드뮴으로 만든다.

기초 데이터

【양성자 수】 48 【가전자 수】 —
【원 자 량】 112.414
【녹 는 점】 321.0 【끓 는 점】 765
【밀 도】 8.65
【존 재 도】 [지구] 0.11ppm
[우주] 1.61
【존재 장소】 황화카드뮴석, 아연 광석 (중국, 오스트레일리아 등)
【가 격】 4000원(1g당) ◆ 소괴
【발 견 자】 프리드리히 슈트로마이어(독일)
【발견 연도】 1817년

원소 이름의 유래

라틴어 칼라민(cadmia, 철이 섞인 산화아연)

발견 당시 일화

탄산아연을 태우면 노란색이 되는 원인은 새로운 원소가 있기 때문이라는 사실이 밝혀졌다.

인듐
Indium

0.049ppm

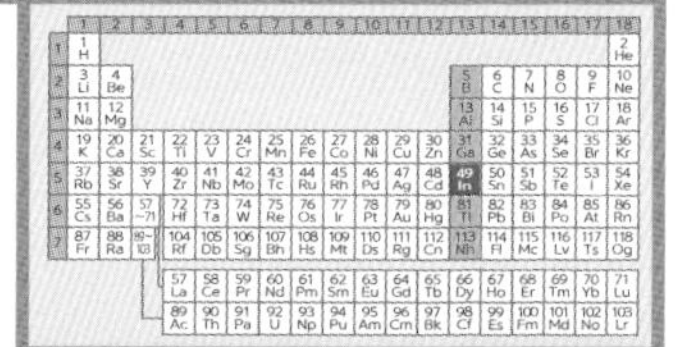

인듐은 부드러운 은백색 금속이다. 공기 중에서는 산화피막으로 둘러싸여 있어 안정적으로 존재한다. 주요 용도로는 둘 이상의 원소로 이루어진 '화합물 반도체'가 있다.

인듐 화합물인 산화인듐주석은 전기가 통하는 성질이 있으면서도 투명한 특징이 있다. 스마트폰과 태블릿 단말기 터치패널의 투명 전극을 제조하는 데 없어서는 안 되는 재료다.

기초 데이터

【양성자 수】 49 【가전자 수】 3
【원 자 량】 114.818
【녹 는 점】 156.6 【끓 는 점】 2080
【밀 도】 7.31
【존 재 도】 [지구] 0.049ppm
[우주] 0.184
【존재 장소】 로퀘사이트, 인다이트(캐나다, 중국 등)
【가 격】 24만 2000원(1kg당) ◆ 암석 및 분말
【발 견 자】 페르디난드 라이히, 히에로니무스 리히터(모두 독일)
【발견 연도】 1863년

원소 이름의 유래

휘선 스펙트럼의 남색, 라틴어로 Indicum

발견 당시 일화

섬아연석의 발광 스펙트럼을 측정해 남색광을 발견했다.

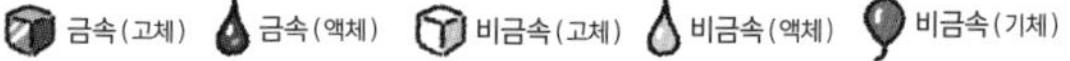

주석
Tin

2.2ppm

청동기시대라는 말에서 알 수 있듯이 청동은 아주 오래전부터 사용돼왔다. 청동은 주석과 구리의 합금으로 '브론즈'라고도 부른다. 가공이 쉽고 색감과 소리가 독특해 현재도 미술품 재료와 사원의 종 제작에 쓰인다.

얇은 철판에 주석을 도금한 것이 통조림 캔과 전통 장난감 등에 사용되는 양철이다. 내식성이 높은 주석은 철을 보호하는 역할을 한다.

또 주석과 납의 합금은 땜납으로 납땜할 때 사용되고, 콘덴서나 트랜지스터 등의 회로를 조립하는 데도 쓰인다.

기초 데이터

【양성자 수】 50 【가전자 수】 4
【원 자 량】 118.710
【녹 는 점】 231.97 【끓 는 점】 2270
【밀 도】 5.75(α)
【존 재 도】 [지구] 2.2ppm
[우주] 3.82
【존재 장소】 주석 원광(중국, 브라질 등)
【가 격】 1만 9370원(1kg당) ◆ 암석
【발 견 자】 —
【발견 연도】 —

원소 이름의 유래

라틴어 stannum(납과 은의 합금)

발견 당시 일화

구리와의 합금인 청동의 형태로 기원전 3000년 무렵부터 알려졌다.

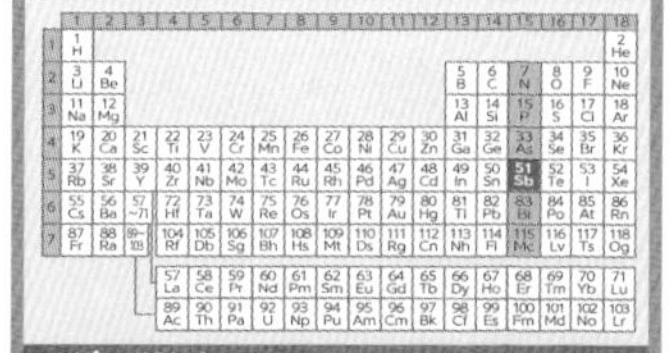

51 Sb
안티모니 Antimony
0.2ppm

안티모니는 화합물인 황화안티모니(휘안석)로 자연계에 존재하여 예로부터 이용돼왔다. 기원전 2300년 무렵의 이집트 왕조 무덤에서도 발견되었으며, 유명한 클레오파트라도 휘안석 가루를 눈 화장에 썼다고 한다.

삼산화안티모니는 플라스틱이나 고무제품, 섬유 등이 불에 잘 타지 않도록 하는 기능이 있어 난연성 커튼과 건축재 등에 널리 활용된다.

기초 데이터

【양성자 수】 51 【가전자 수】 5
【원 자 량】 121.760
【녹 는 점】 630.63 【끓 는 점】 1635
【밀 도】 6.691
【존 재 도】 [지구] 0.2ppm
[우주] 0.309
【존재 장소】 휘안석(중국, 러시아, 볼리비아 등)
【가 격】 7040원(1kg당) ◆ 암석 및 분말
【발 견 자】 –
【발견 연도】 –

원소 이름의 유래

그리스어로 고독을 싫어하다(antimonos)

발견 당시 일화

오래전부터 알려진 원소 중 하나이다.

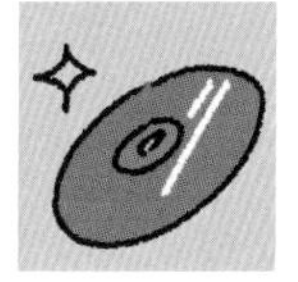
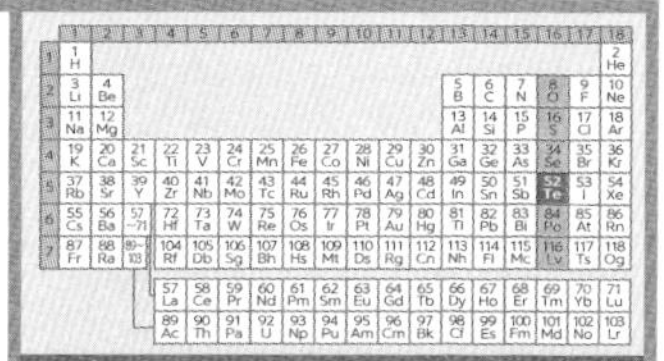

52 Te
텔루륨 Tellurium
0.005ppm

텔루륨은 빛이 닿으면 전기를 전달하는 성질이 있다. 이 점을 활용하여 재녹화가 가능한 DVD 등 기록 매체와 복사기 드럼에 쓰인다. 또 유리를 적자색으로 만들거나 도자기를 붉은색, 노란색으로 만드는 착색제로도 사용된다.

인체에 유해하다는 사실이 확인되었다. 흡입하면 체내 대사활동을 통해 악취 원인이 되는 물질이 생성되어 들숨에서 마늘 냄새가 난다.

기초 데이터

【양성자 수】 52 【가전자 수】 6
【원 자 량】 127.60
【녹 는 점】 449.5 【끓 는 점】 990
【밀 도】 6.24
【존 재 도】 [지구] 0.005ppm
[우주] 4.81
【존재 장소】 실바나이트, 캘러버라이트(미국 등)
【가 격】 6600원(1g당) ■ 파편
【발 견 자】 프란츠 뮐러(오스트리아)
【발견 연도】 1782년

원소 이름의 유래

라틴어로 지구(tellus)

발견 당시 일화

뮐러가 금광석에서 발견했고, 클라프로트(독일)가 홑원소 금속으로 채취하여 텔루륨이라 이름 붙였다.

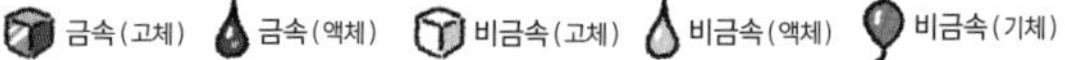

53 I 아이오딘 Iodine

0.14ppm

아이오딘은 살균작용이 있어서 흔히 '빨간약'이라 불리는 소독약 등의 원료로 쓰인다.

또 아이오딘은 인체에 필수적인 미네랄 중 하나다. 음식을 통해 체내에 들어와 갑상샘에서 흡수되어 다양한 화학반응을 거쳐 갑상샘 호르몬이 된다. 아이오딘이 모자라면 갑상샘 호르몬이 부족해져 에너지대사와 운동기능에 장애가 생길 수 있다.

기초 데이터

【양성자 수】 53 **【가전자 수】** 7
【원 자 량】 126.90447
【녹 는 점】 113.5 **【끓 는 점】** 184.3
【밀 도】 4.93
【존 재 도】 [지구] 0.14ppm
[우주] 0.90
【존재 장소】 해수, 해초(일본, 칠레, 미국 등)
【가 격】 –
【발 견 자】 베르나르 쿠르투아(프랑스)
【발견 연도】 1811년

원소 이름의 유래

그리스어로 자주색(ioeides)

발견 당시 일화

해초를 태운 재 용액을 황산으로 처리하여 암적색 결정을 얻었다.

54 Xe 제논 Xenon

0.000002ppm

제논의 용도로 알려진 것 중 하나로 제논램프가 있다. 제논램프는 네온과 마찬가지로 관 속을 제논 가스로 채운 조명이다. 색이 태양광에 가깝고 반응성이 빨라 카메라 플래시에 사용되고 있다. 이온엔진의 추진제로도 쓰인다. 이온엔진은 제논을 고속으로 분사시키고 반동으로 추진력을 얻는데, 일본의 소행성 탐사 우주선 하야부사 2호에도 탑재된 바 있다.

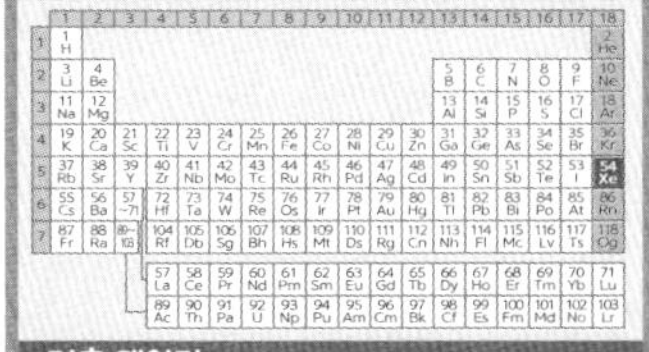

기초 데이터

【양성자 수】 54 **【가전자 수】** 0
【원 자 량】 131.293
【녹 는 점】 −111.9 **【끓 는 점】** −107.1
【밀 도】 0.0058971
【존 재 도】 [지구] 0.000002ppm
[우주] 4.7
【존재 장소】 공기 중에 미량
【가 격】 –
【발 견 자】 램지(스코틀랜드), 트래버스(잉글랜드)
【발견 연도】 1898년

원소 이름의 유래

그리스어로 익숙하지 않은(xenos)

발견 당시 일화

대량의 크립톤으로부터 분리하는 과정에서 발견되었다.

  인공원소

지각에 포함된 비율

이혼 후, 바로 재혼
1877년
멘델레예프(43세)
이미 결혼한
상태였지만
아름다워라…
미대생 안나(17세)에
열을 올린다.
1882년
아내와 이혼.
그러나 당시에는
종교 규율상 7년간
재혼할 수 없었다.
수북…
이걸로
어떻게 좀
해줘 봐.
여기서 그는
사제에게 거금을
지불하고
이혼한 지 겨우
두 달 만에
결혼식을 올렸다.
사제는
파문당했지만
충분한
보수를 받았다.

그 이름 우주까지

1955년
101번
원소가 발견되자

멘델레예프의 업적을
기려 멘델레븀이라
이름을 붙였다.

그 밖에도 분자구조
모형의 조명이 설치된
멘델레예프스카야 역

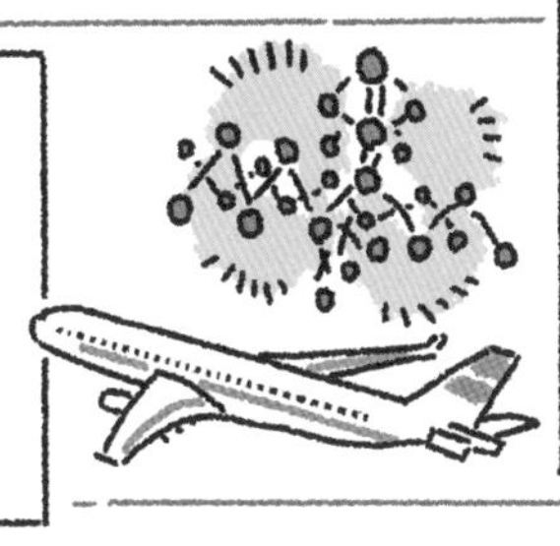

쿠나시르 섬에 있는
멘델레예프 공항

러시아 타타르스탄
공화국에는
멘델레예프스크라는
마을이 있고…

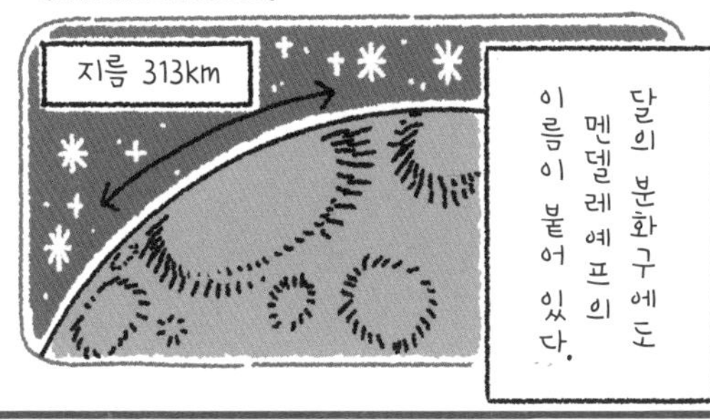

달의 분화구에도
멘델레예프의
이름이 붙어 있다.

세슘

Caesium

세슘은 알칼리 금속에 속하는 금속 원소로 은백색이고 부드럽다는 특징이 있다. 상온의 대기 중에서 산화되며 물과 격렬하게 반응한다.

동위원소인 세슘133은 시간의 기준으로 사용된다. 세슘133의 전자 상태가 변화할 때 방출되는 빛을 기준으로 1초의 길이가 결정된다.

후쿠시마 제1원전 사고에서 누출된 것은 방사성 동위원소인 세슘137이다.

기초 데이터

【양성자 수】 55 【가전자 수】 1
【원 자 량】 132.90545
【녹 는 점】 28.4 【끓 는 점】 678
【밀 도】 1.873
【존 재 도】 [지구] 3ppm
[우주] 0.372
【존재 장소】 폴루사이트, 리티아운모(캐나다 등)
【가 격】 44만 1000원(1g당) ★
【발 견 자】 분젠, 키르히호프(모두 독일)
【발견 연도】 1860년

원소 이름의 유래

라틴어로 푸른 하늘(caesius)

발견 당시 일화

독일 뒤르크하임 광천의 물을 대량으로 농축시켜 리튬 등을 제거한 후 분광 분석을 통해 발견했다.

바륨

Barium

500ppm

바륨이라고 하면 건강검진에서 위나 장의 엑스레이를 찍을 때 마시는 액체가 떠오를 것이다. 이 조영제는 정확하게는 황산바륨이다. 위와 장은 일반적으로 엑스레이를 투과시키기 때문에 찍히지 않는다. 그래서 X선을 잘 통과시키지 않는 바륨의 성질을 이용하여 위와 장의 상태를 확인한다. 또 바륨은 불꽃반응에서 녹색을 내서 불꽃놀이 등에도 쓰인다.

기초 데이터

【양성자 수】 56 【가전자 수】 2
【원 자 량】 137.327
【녹 는 점】 729 【끓 는 점】 1637
【밀 도】 3.594
【존 재 도】 [지구] 500ppm
[우주] 4.49
【존재 장소】 중정석(바라이트), 독중석(위더라이트)
(중국, 인도, 미국 등)
【가 격】 1400원(1g당) ★ 산화바륨
【발 견 자】 데이비(잉글랜드)
【발견 연도】 1808년

원소 이름의 유래

그리스어로 무거운(barys)

발견 당시 일화

바륨을 함유한 광물은 17세기부터 알려져 있었다. 데이비는 홑원소 금속을 분리하는 데 성공했다.

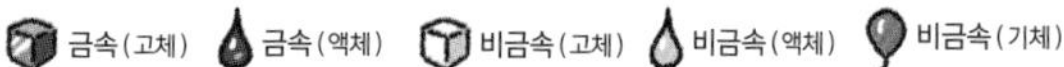

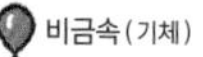

란타넘
Lanthanum

32ppm

란타넘의 용도는 다양하다. 가까운 예로 충격을 가하면 발화되는 성질이 있어 일회용 라이터 부싯돌로 사용된다. 그 밖에도 형광체, 레이저, 세라믹스, 영구자석, 전자현미경의 전자총, 광학 렌즈 등에 사용된다. 란타넘과 니켈의 합금은 수소 흡장력이 있다. 이 특성을 활용해 연료 전지의 수소 연료를 안전하게 저장하는 용기를 개발할 수 있을 것으로 기대된다.

기초 데이터

【양성자 수】 57 【가전자 수】 –
【원 자 량】 138.90547
【녹 는 점】 921 【끓 는 점】 3457
【밀 도】 6.145
【존 재 도】 [지구] 32ppm
[우주] 0.4460
【존재 장소】 모나자이트, 배스트네스석
(캐나다, 중국 등)
【가 격】 2200원(1kg당) ◆ 산화란타넘
【발 견 자】 모산더(스웨덴)
【발견 연도】 1839년

원소 이름의 유래

그리스어로 숨다(lanthanein)

발견 당시 일화

세리아라는 산화물에서 란타넘의 산화물을 분리해 냈다.

세륨
Cerium

68ppm

세륨은 산소와 잘 결합하는 성질이 있어 산화세륨으로 가장 많이 이용된다. 산화세륨은 자외선 흡수 효과가 있어서 선글라스나 자동차 창유리 등에 쓰인다. 유리 연마와 유막 제거에도 사용된다. 그 밖에도 산화세륨은 도기에 새로운 색을 입히는 유약과 백색 LED, 브라운관의 청색 형광체, 쇠붙이를 녹이는 데 사용하는 그릇인 도가니 등에 이용된다.

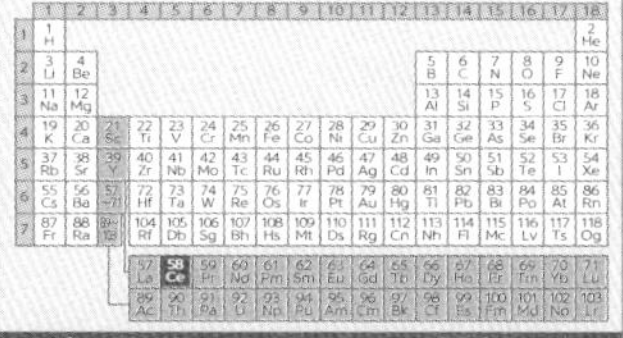

기초 데이터

【양성자 수】 58 【가전자 수】 –
【원 자 량】 140.116
【녹 는 점】 799 【끓 는 점】 3426
【밀 도】 8.24(α)
【존 재 도】 [지구] 68ppm
[우주] 1.136
【존재 장소】 모나자이트, 배스트네스석
(캐나다, 중국 등)
【가 격】 6600원(1kg당) ◆ 산화세륨
【발 견 자】 베르셀리우스, 빌헬름 히싱어
(모두 스웨덴)
【발견 연도】 1803년

원소 이름의 유래

1801년에 발견된 소행성 세레스(Ceres)

발견 당시 일화

스웨덴산 광물 세라이트(cerite)에서 채취한 산화물인 세리아에서 분리했다.

지각에 포함된 비율 인공원소

프라세오디뮴

Praseodymium

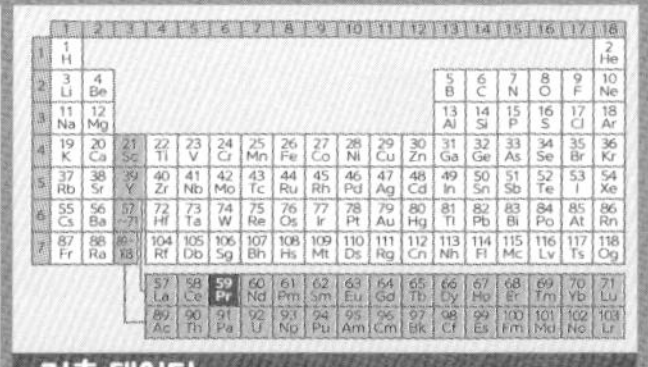

프라세오디뮴의 산화물은 도자기를 황색, 황록색으로 착색하는 유약에 사용된다. 본래 은백색의 금속이지만, 상온의 공기 중에서는 표면이 산화되어 황색으로 변한다. 또 용접 작업용 고글에도 프라세오디뮴의 산화물이 사용된다. 영구자석에도 이용되는데 '프라세오디뮴자석'은 물리적 강도가 높고 구멍을 뚫는 가공이 가능하며, 가열하거나 구부릴 수 있고 녹슬지 않는다.

기초 데이터

【양성자 수】 59 【가전자 수】 –
【원 자 량】 140.90766
【녹 는 점】 931 【끓 는 점】 3512
【밀 도】 6.773
【존 재 도】 [지구] 9.5ppm
[우주] 0.1669
【존재 장소】 모나자이트, 배스트네스석 (캐나다, 중국 등)
【가 격】 2만 6200원(1g당) ★ 산화프라세오디뮴
【발 견 자】 칼 벨스바흐(오스트리아)
【발견 연도】 1885년

원소 이름의 유래

그리스어로 부추(녹색, prasisos)와 쌍둥이(didymos)

발견 당시 일화

세리아에서 분리한 디디뮴을 두 성분으로 분리하여 하나를 프라세오디뮴이라 이름 붙였다.

네오디뮴

Neodymium

38ppm

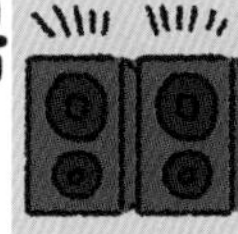

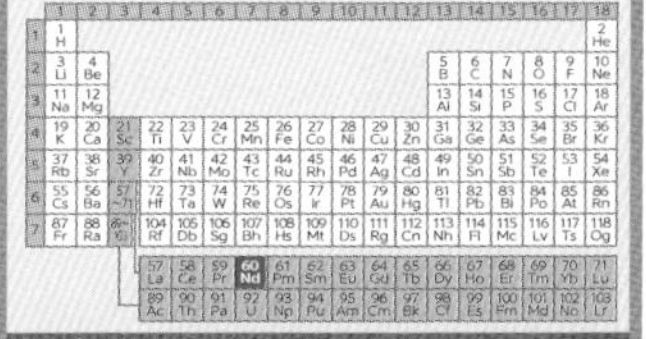

네오디뮴은 세계 최강 영구자석으로 불리는 '네오디뮴자석'이 알려져 있다. 네오디뮴에 철을 혼합하면 철의 자기뿐 아니라 네오디뮴의 자기까지 같은 방향으로 고정되어 엄청난 자력을 얻을 수 있다.

스피커에 내장된 네오디뮴 자석은 전기신호를 진동으로 바꾸는 역할을 한다. 또 레이저와 세라믹 콘덴서 등에도 이용되고 있다.

기초 데이터

【양성자 수】 60 【가전자 수】 –
【원 자 량】 144.242
【녹 는 점】 1021 【끓 는 점】 3068
【밀 도】 7.007
【존 재 도】 [지구] 38ppm
[우주] 0.8279
【존재 장소】 모나자이트, 배스트네스석 (캐나다, 중국 등)
【가 격】 4만 원(1g당) ■ 산화물, 분말
【발 견 자】 벨스바흐(오스트리아)
【발견 연도】 1885년

원소 이름의 유래

그리스어 새로운(neo)과 쌍둥이(didymos)의 합성어

발견 당시 일화

산화물인 세리아에서 분리한 디디뮴을 두 성분으로 분리하여 하나를 네오디뮴이라 이름 붙였다.

금속(고체) 금속(액체) 비금속(고체) 비금속(액체) 비금속(기체)

프로메튬 Promethium

프로메튬의 홑원소 물질은 은백색의 금속 결정으로 모두 방사성 동위원소다. 프로메튬은 방사선을 전기 에너지로 전환하는 원자력 전지의 연료로 사용된다. 원자력 전지는 장시간 사용이 가능하여 태양광이 약한 장소에서 활약하는 우주탐사기의 전원 등으로 활용된다. 시계의 형광판에도 사용되기도 했으나 안전성 문제가 있어 현재 일본에서는 생산하지 않는다.

기초 데이터

【양성자 수】 61 【가전자 수】 –
【원 자 량】 145
【녹 는 점】 1168 【끓 는 점】 2700
【밀 도】 7.22
【존 재 도】 [지구] –
[우주] –
【존재 장소】 –
【가 격】 –
【발 견 자】 제이콥 마린스키, 로렌스 글레데닌, 찰스 커리엘(모두 미국)
【발견 연도】 1947년

원소 이름의 유래

그리스 신화에 등장하는 불의 신 프로메테우스(prometheus)

발견 당시 일화

우라늄 광석에 함유된 핵분열 생성물에서 분리해 새로운 원소로 발견되었다.

사마륨 Samarium

7.9ppm

사마륨은 주로 영구자석인 '사마륨-코발트 자석'에 사용된다. 고온에서도 자기성이 떨어지지 않는 특징이 있다. 그러나 사마륨-코발트자석은 가격이 비싸 소형 제품에 주로 사용된다. 전자기타 현의 진동을 전기신호로 바꾸는 픽업이라는 부분에 사용되기도 한다. 또 자동차 엔진의 배기가스에 함유된 일산화탄소를 수소화하는 화학반응의 촉매 등으로도 이용된다.

기초 데이터

【양성자 수】 62 【가전자 수】 –
【원 자 량】 150.36
【녹 는 점】 1077 【끓 는 점】 1791
【밀 도】 7.52
【존 재 도】 [지구] 7.9ppm
[우주] 0.2582
【존재 장소】 모나자이트, 배스트네스석(캐나다, 중국 등)
【가 격】 15만 원(1g당) ■ 분말
【발 견 자】 부아보드랑(프랑스)
【발견 연도】 1879년

원소 이름의 유래

러시아, 우랄지방에서 채굴된 광석 사마스카이트(samarskite)

발견 당시 일화

광물 사마스카이트에서 채취되었다.

지각에 포함된 비율 / 인공원소

유로퓸
Europium

2.1ppm

유로퓸은 브라운관에 사용되는 적색 형광체로 알려져 있다. 더 자연색에 가까운 형광등의 형광체 등에 사용된다.

유로퓸은 EU 국가의 유로화 지폐에 쓰이고 있다. 자외선을 받으면 여러 가지 색깔로 빛나는 성질을 활용하여 위조지폐를 방지한다. 일본 우체국의 연하장 엽서에도 유로퓸이 사용된다.

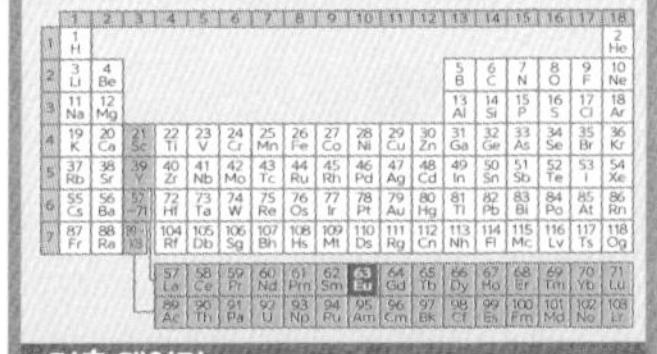

기초 데이터

【양성자 수】 63 【가전자 수】 –
【원 자 량】 151.964
【녹 는 점】 822 【끓 는 점】 1597
【밀 도】 5.243
【존 재 도】 [지구] 2.1ppm
[우주] 0.0973
【존재 장소】 모나자이트, 배스트네스석 (캐나다, 중국 등)
【가 격】 51만 원(1g당) ■ 파편
【발 견 자】 외젠아나톨 드마르세(프랑스)
【발견 연도】 1896년

원소 이름의 유래

유럽(Europe)

발견 당시 일화

사마륨이라 여겨졌던 물질에서 새로운 흡수 스펙트럼을 지닌 원소를 분리했다.

가돌리늄
Gadolinium

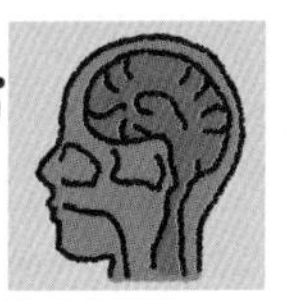

7.7ppm

가돌리늄은 상온에서도 높은 자성을 지닌다. 그래서 과거에는 자기광학(MO) 디스크 등의 기록 레이어에 쓰였으나, 현재는 높은 자성을 활용해 MRI 영상의 조영제로 사용된다. 가돌리늄 화합물을 혈관 내에 투여하면 영상의 명확도를 높일 수 있기 때문이다. 또 가돌리늄은 중성자를 흡수하는 성질이 있어서 원자로의 중성자를 억제하는 용도로도 쓰인다.

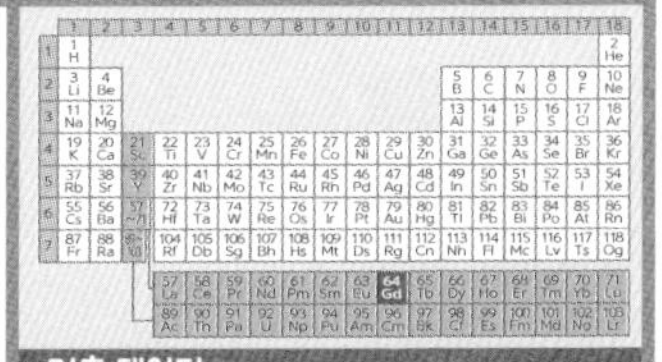

기초 데이터

【양성자 수】 64 【가전자 수】 –
【원 자 량】 157.25
【녹 는 점】 1313 【끓 는 점】 3266
【밀 도】 7.9
【존 재 도】 [지구] 7.7ppm
[우주] 0.3300
【존재 장소】 모나자이트, 배스트네스석 (캐나다, 중국 등)
【가 격】 7만 2000원(1g당) ★ 산화가돌리늄
【발 견 자】 장 드 마리냐크(스위스)
【발견 연도】 1880년

원소 이름의 유래

희토류 원소연구의 개척자 가돌린(Gadolin)

발견 당시 일화

사마스카이트에서 두 종류의 원소를 분리해 하나는 사마륨, 다른 하나는 가돌리늄으로 이름 붙였다.

금속(고체) 금속(액체) 비금속(고체) 비금속(액체) 비금속(기체)

65 Tb

터븀

Terbium

1.1ppm

터븀은 텔레비전 등의 녹색 형광체와 광자기 재료로 사용된다. 또 엑스레이 촬영의 감도를 높이는 증감제로도 쓰인다.

터븀 합금은 자기변형(magnetostriction) 효과가 크다. 자기변형이란 강자성체를 자기화할 때 외형이 변화하는 성질로 이 특징을 이용한 예로 패널 스피커와 전기자전거가 있다.

기초 데이터

【양성자 수】 65 **【가전자 수】** –
【원 자 량】 158.92535
【녹 는 점】 1356 **【끓 는 점】** 3123
【밀 도】 8.229
【존 재 도】 [지구] 1.1ppm
[우주] 0.0603
【존재 장소】 모나자이트, 배스트네스석 (캐나다, 중국 등)
【가 격】 4만 2000원(1g당) ★ 괴상
【발 견 자】 모산더(스웨덴)
【발견 연도】 1843년

원소 이름의 유래

스웨덴의 마을 이테르비

발견 당시 일화

이트리아를 세 가지 성분으로 분리하고 그중 하나로 새로운 원소인 터븀을 발견했다.

66 Dy

디스프로슘

Dysprosium

6ppm

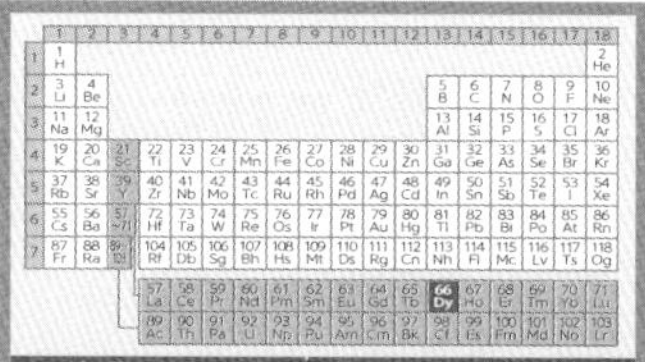

디스프로슘은 빛 에너지를 저장하여 발광하는 성질이 있다. 그래서 피난 유도 표식과 리모컨 등에 야광 재료로 사용되고 있다. 또 네오디뮴자석에 첨가하면 자력을 높이는 효과가 있다. 자력을 띠는 것들은 온도가 상승하면 자력이 약해지는데 자력 약화를 방지하기도 한다. 이러한 성질을 활용해 고온 환경인 하이브리드 자동차의 전기 모터 등에도 활용된다.

기초 데이터

【양성자 수】 66 **【가전자 수】** –
【원 자 량】 162.500
【녹 는 점】 1412 **【끓 는 점】** 2562
【밀 도】 8.55
【존 재 도】 [지구] 6ppm
[우주] 0.3942
【존재 장소】 모나자이트, 배스네스트석 (캐나다, 중국 등)
【가 격】 5만 7500원(1g당) ■ 분말
【발 견 자】 부아보드랑(프랑스)
【발견 연도】 1886년

원소 이름의 유래

그리스어로 얻기 힘든(dysprositos)

발견 당시 일화

흡수 스펙트럼 측정으로 홀뮴의 화합물에 다른 원소가 섞여 있다는 사실이 밝혀지면서 새로운 원소로 이름 붙였다.

지각에 포함된 비율 인공원소

홀뮴
Holmium

1.4ppm

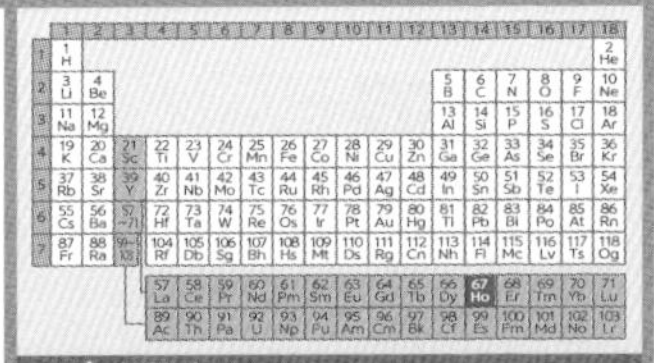

홀뮴의 주요 용도로는 의료 분야의 레이저 치료기다. 홀뮴에 쪼인 빛이 반사되어 레이저 발진기 내에서 증폭된 다음, 레이저광으로 발사되는 구조다. 다른 레이저에 비해 발생하는 열이 적고 환부 손상을 억제할 수 있다는 점에서 뛰어나다는 평가를 받는다.

홀뮴 레이저를 활용한 치료는 요로결석과 비대 전립선종양의 절제 등이 있다.

기초 데이터

【양성자 수】67 【가전자 수】—
【원 자 량】164.93033
【녹 는 점】1474 【끓 는 점】2695
【밀 도】8.795
【존 재 도】[지구] 1.4ppm
[우주] 0.0889
【존재 장소】모나자이트, 배스트네스석
(캐나다, 중국 등)
【가 격】12만 원(1g당) ■ 분말
【발 견 자】페르 클레베(스웨덴)
【발견 연도】1879년

원소 이름의 유래

스톡홀름의 옛 이름 홀미아(Holmia)

발견 당시 일화

산화어븀에 함유된 두 종류의 산화물을 분리하여 그중 하나를 산화홀뮴이라 이름 붙였다.

어븀
Erbium

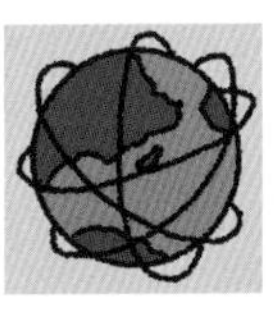

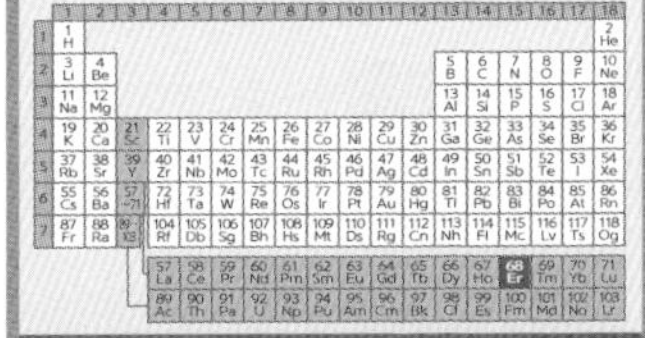

어븀은 광섬유 통신과 레이저에 빠질 수 없는 원소다. 광섬유 안에 빛이 전달될 때 길이가 길어지면 빛은 약해질 수밖에 없다. 그래서 증폭기가 사용되는데, 바로 이 증폭기에 어븀이 쓰인다. 어븀은 그 밖에도 치과나 성형외과에서 레이저 치료용으로도 쓰인다. 산화되면 분홍색으로 변하기 때문에 선글라스와 장식용 유리에도 사용된다.

기초 데이터

【양성자 수】68 【가전자 수】—
【원 자 량】167.259
【녹 는 점】1529 【끓 는 점】2863
【밀 도】9.066
【존 재 도】[지구] 3.8ppm
[우주] 0.2508
【존재 장소】모나자이트, 배스트네스석
(캐나다, 중국 등)
【가 격】14만 원(1g당) ■ 분말
【발 견 자】모산더(스웨덴)
【발견 연도】1843년

원소 이름의 유래

스웨덴의 마을 이테르비

발견 당시 일화

이트리아에 함유된 어븀을 분리했다.

금속(고체) 금속(액체) 비금속(고체) 비금속(액체)

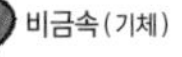

툴륨
Thulium

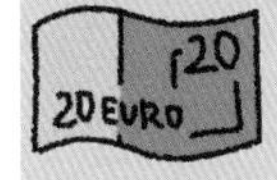

툴륨은 방사선량 계측기에 쓰인다. 방사선량 계측기는 방사선을 쪼인 다음 가열하면 형광으로 빛나는 툴륨의 성질을 이용한 것이다.

또 광섬유 증폭기로도 사용되는데 어븀 증폭기로 증폭할 수 없는 파장의 빛을 보완한다.

그 밖에 유로퓸처럼 자외선이 닿으면 빛이 나는 성질이 있어 유로화 지폐 위조 방지에 툴륨의 청색 형광을 사용한다.

기초 데이터

【양성자 수】 69 【가전자 수】 –
【원 자 량】 168.93422
【녹 는 점】 1545 【끓 는 점】 1950
【밀 도】 9.321
【존 재 도】 [지구] 0.48ppm
[우주] 0.0378
【존재 장소】 모나자이트, 배스트네스석
(캐나다, 중국 등)
【가 격】 21만 원(1g당) ★ 절삭상 툴륨
【발 견 자】 클레베(스웨덴)
【발견 연도】 1879년

원소 이름의 유래

스칸디나비아의 옛 이름 툴레(Thule)

발견 당시 일화

순도가 낮은 어븀에서 홀뮴과 함께 단리되었다.

이터븀
Ytterbium

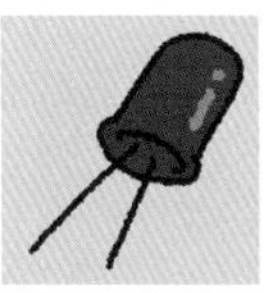

이터븀은 가돌리나이트 광물에 함유되어 있다. 원소 이름은 가돌리나이트를 채굴한 스웨덴의 마을 이테르비에서 유래했다. 이터븀은 레이저에 이용되는데 이터븀 레이저는 금속판 재료와 실리콘 웨이퍼 등의 절단에 사용된다. 얇은 판재를 복잡한 형상으로 절단할 수 있어 정밀기계 가공에 적합하다. 이터븀은 유리를 황록색으로 착색하는 색소, 콘덴서 등에도 쓰인다.

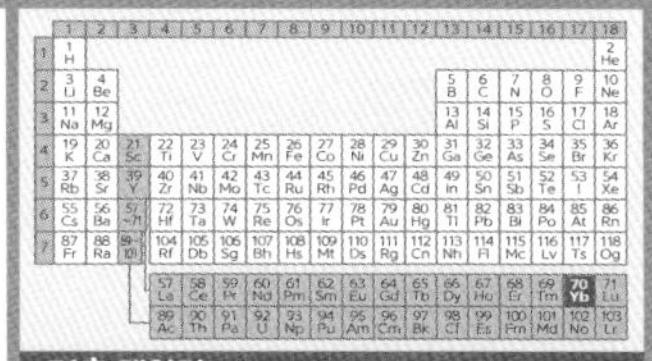

기초 데이터

【양성자 수】 70 【가전자 수】 –
【원 자 량】 173.054
【녹 는 점】 824 【끓 는 점】 1193
【밀 도】 6.965
【존 재 도】 [지구] 3.3ppm
[우주] 0.2479
【존재 장소】 모나자이트, 배스트네스석
(캐나다, 중국 등)
【가 격】 3만 6000원(1g당) ■ 산화물 분말
【발 견 자】 마리냐크(스위스)
【발견 연도】 1878년

원소 이름의 유래

스웨덴의 마을 이테르비

발견 당시 일화

순도가 낮은 어븀에서 단리되었다.

지각에 포함된 비율 인공원소

루테튬 Lutetium

루테튬은 분리에 품이 들고 고가이기도 하여 공업적으로는 거의 이용되지 않는다. 의료검사 분야에서는 PET(양전자방출 단층촬영) 장치 등에 쓰인다.

PET 장치란 CT(컴퓨터 단층촬영)와 MRI(자기공명영상법)처럼 체내 단층촬영용 기계를 말한다. CT와 MRI가 체내의 조형으로 이상을 확인하고 PET는 세포의 성질을 검사할 수 있다.

기초 데이터

【양성자 수】71 【가전자 수】–
【원 자 량】174.967
【녹 는 점】1663 【끓 는 점】3395
【밀 도】9.84
【존 재 도】[지구] 0.5ppm
[우주] 0.0367
【존재 장소】모나자이트, 배스트네스석 (캐나다, 중국 등)
【가 격】15만 7000원(1g당) ★ 루테튬 괴상
【발 견 자】조르주 우르뱅
【발견 연도】1907년(홑원소 분리)

원소 이름의 유래

파리의 옛 이름 루테시아(Lutecia)

발견 당시 일화

여러 인물이 거의 동시에 발견했다. 가장 늦게 발견된 란타넘족 원소다.

하프늄 Hafnium

하프늄은 중성자를 잘 흡수하는 성질이 있어서 원자로에 사용된다. 원자로에서는 방사성 원소가 중성자를 주고받는데, 하프늄을 사용함으로써 억제할 수 있다.

하프늄과 나이오븀 합금은 온도가 변해도 성능이 떨어지지 않아 온도 변화가 큰 환경에 노출되는 인공위성과 우주선 제어 로켓 등에 사용된다.

기초 데이터

【양성자 수】72 【가전자 수】–
【원 자 량】178.49
【녹 는 점】2230 【끓 는 점】5197
【밀 도】13.31(고체)
【존 재 도】[지구] 5.3ppm
[우주] 0.154
【존재 장소】지르콘, 배델라이트(미국 등)
【가 격】2만 6000원(1g당) ★
【발 견 자】디르코 코스터(네덜란드), 죄르지 헤베시(헝가리)
【발견 연도】1924년

원소 이름의 유래

코펜하겐의 라틴명 하프니아(Hafnia)

발견 당시 일화

하프늄과 지르코늄의 성질이 매우 닮아 지르코늄을 분리하는 것이 어려워 발견이 늦어졌다.

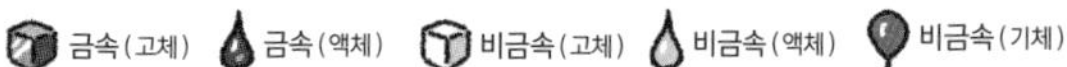

탄탈럼
Tantalum

2ppm

탄탈럼은 홑원소 상태에서는 광택이 있는 회색 금속으로, 겉보기는 백금과 비슷하다. 단단하면서도 잘 늘어나 가공이 쉬운 점이 특징이다. 금속 홑원소 물질로는 세 번째로 녹는점이 높고, 매우 강한 내산성을 자랑한다.

인체에 해롭지 않아 인공 뼈와 치아 임플란트에 쓰인다. 임플란트 치료에서는 탄탈럼과 타이타늄을 함유한 '픽스처'라는 나사를 삽입한다.

기초 데이터

【양성자 수】 73 **【가전자 수】** –
【원 자 량】 180.94788
【녹 는 점】 2996 **【끓 는 점】** 5425
【밀 도】 16.654
【존 재 도】 [지구] 2ppm
[우주] 0.0207
【존재 장소】 컬럼바이트, 이트러탄탈석
(오스트레일리아 등)
【가 격】 480원(1g당) ◆ 암석 및 분말
【발 견 자】 안데르스 에케베리(스웨덴)
【발견 연도】 1802년

원소 이름의 유래

그리스 신화의 프리기아(phrygia)의 왕인 탄탈러스(Tantalus)

발견 당시 일화

에케베리가 발견한 당시에는 성질이 매우 닮은 나이오븀과의 혼합물이었다.

텅스텐
Tungsten

1ppm

텅스텐은 금속 중에서 녹는점이 가장 높고 증기압은 낮다. 가는 줄로 가공할 수 있어 백열전구의 필라멘트 등에 이용된다.

또 텅스텐은 매우 단단하고 무거운 금속이기도 하다. 탄소와 텅스텐의 화합물을 함유한 초경합금은 다이아몬드 다음가는 경도이며, 무게는 철의 3배, 납의 2배에 가깝다. 이런 특성 때문에 드릴 등의 절삭공구 재료로도 쓰인다.

기초 데이터

【양성자 수】 74 **【가전자 수】** –
【원 자 량】 183.84
【녹 는 점】 3410 **【끓 는 점】** 5657
【밀 도】 19.3
【존 재 도】 [지구] 1ppm
[우주] 0.133
【존재 장소】 철망간중석, 회중석
(중국, 캐나다, 러시아 등)
【가 격】 4만 7300원(1kg당) ◆ 분말
【발 견 자】 셸레(스웨덴)
【발견 연도】 1781년

원소 이름의 유래

스웨덴어로 무거운 돌(tungsten)

발견 당시 일화

현재 회중석이라 불리는 광석에서 새로운 산화물을 분리했다.

지각에 포함된 비율 인공원소

레늄
Rhenium

레늄은 열전도율이 높다. 그래서 레늄합금은 고온용 온도 센서 감지부에 사용된다. 혹독한 환경에서도 잘 견디는 성질이 있어 항공우주산업에서도 활용되고 있다.

레늄은 휘발유 생산 공정의 품질 향상에 쓰이는 등 촉매로도 사용된다. 지각 내 존재량이 매우 적은데 휘수 광석에 미량 존재한다.

기초 데이터

【양성자 수】 75 【가전자 수】 —
【원 자 량】 186.207
【녹 는 점】 3180 【끓 는 점】 5596
【밀 도】 21.02
【존 재 도】 [지구] 0.0004ppm
[우주] 0.0517
【존재 장소】 휘수연석(칠레, 미국 등)
【가 격】 2200원(1g당) ◆ 펠렛(99.99%)
【발 견 자】 발터 노다크, 이다 타케, 오토 베르크 (모두 독일)
【발견 연도】 1925년

원소 이름의 유래

라인(Rhein) 강의 이름

발견 당시 일화

멘델레예프가 '드미망간'이라고 예언한 원소다. 규산염 광물에서 분리되었다.

오스뮴
Osmium

0.0004ppm

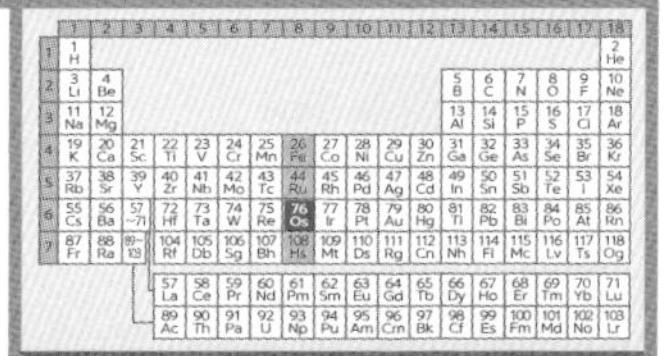

오스뮴은 자연계에서 비중이 가장 높은 물질이다. 야구공 정도 크기의 무게가 약 6kg이나 된다. 백금석에서 오스뮴은 이리듐과의 합금 상태로 분리된다. 이 합금은 매우 튼튼해 일부 고급 만년필 펜촉으로 쓰인다. 연속해서 500만 자를 쓸 수 있을 정도로 강도가 높다.

오스뮴은 산화되기 쉬운데 사산화오스뮴의 경우 강렬한 냄새와 맹독을 지니고 있다.

기초 데이터

【양성자 수】 76 【가전자 수】 —
【원 자 량】 190.23
【녹 는 점】 3054 【끓 는 점】 5027
【밀 도】 22.59
【존 재 도】 [지구] 0.0004ppm
[우주] 0.675
【존재 장소】 백금석(남아프리카, 캐나다, 러시아 등)
【가 격】 49만 5000원(1g당) ■ 분말
【발 견 자】 스미슨 테넌트(잉글랜드)
【발견 연도】 1803년

원소 이름의 유래

그리스어로 냄새나는(osme)

발견 당시 일화

백금을 함유한 광물을 농염산과 농질산으로 녹일 때 발생하는 검은색 찌꺼기에서 이리듐과 함께 발견했다.

금속(고체) 금속(액체) 비금속(고체) 비금속(액체) 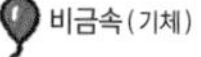 비금속(기체)

이리듐
Iridium

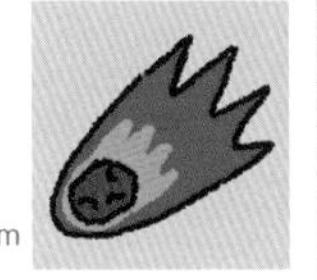

이리듐은 존재량이 매우 적은 금속이다. 가공이 어려워 단독으로 쓰이는 용도가 거의 없다. 이리듐합금은 굉장히 단단하고 내열성이 뛰어나 자동차의 점화 플러그에 사용된다. 이리듐은 공룡이 멸종한 약 6550만 년 전의 지층인 백악기-팔레오기 경계에서 발견되었다. 이리듐이 운석에 다량 함유되어 있어 공룡은 우주에서 운석이 떨어져 멸종했다는 추측이 제기되기도 한다.

기초 데이터

【양성자 수】 77　【가전자 수】 –
【원 자 량】 192.217
【녹 는 점】 2410　【끓 는 점】 4130
【밀　　도】 22.56
【존 재 도】 [지구] 0.000003ppm
[우주] 0.661
【존재 장소】 이리도스민(오스뮴과의 합금)
(남아프리카, 알래스카, 캐나다 등)
【가　　격】 7만 8000원(1g당) ■ 분말
【발 견 자】 테넌트(잉글랜드)
【발견 연도】 1803년

원소 이름의 유래

그리스 신화에 등장하는 무지개 여신 이리스(Iris)

발견 당시 일화

백금을 함유한 광물을 농염산과 농질산으로 처리한 후 녹지 않고 남은 검은색 찌꺼기에서 발견했다.

백금
Platinum

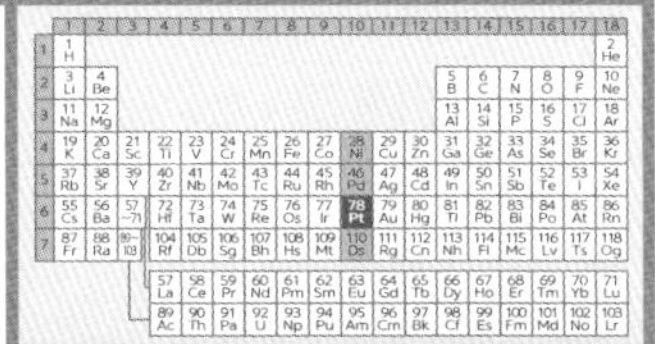

백금은 자연계에서는 광석에서 채굴된다. 아름다운 은백색을 띠어 장식품으로 널리 쓰인다.

산업적으로는 석유정제, 자동차 배기가스 정화, 연료전지 등에 촉매로 사용된다.

잘 부식되지 않기 때문에 이리듐과의 합금이 만년필의 펜촉이나 플루트의 재료로 사용된다. 의료 분야에서는 항암제 중 하나로 백금 화합물인 시스플라틴이 쓰인다.

기초 데이터

【양성자 수】 78　【가전자 수】 –
【원 자 량】 195.084
【녹 는 점】 1772　【끓 는 점】 3830
【밀　　도】 21.45
【존 재 도】 [지구] 약 0.001ppm
[우주] 1.34
【존재 장소】 사백금, 쿠퍼라이트, 스페릴라이트
(남아프리카, 러시아, 미국 등)
【가　　격】 3만 1580원(1g당) ◆ 백금 원석
【발 견 자】 –
【발견 연도】 –

원소 이름의 유래

스페인어로 작은 은(platina)

발견 당시 일화

오래전부터 사용해온 물질이다. 새로운 원소로 처음 인식한 것은 스페인의 천문학자 안토니오 델 울로아라고 알려져 있다.

금
Gold

홑원소로 자연계에서 산출되는 금속 중에 유일하게 황금색으로 빛나는 금속이다. 금의 역사는 유구한데, 고대 이집트 왕 투탕카멘의 황금 마스크가 유명하다. 예부터 금이 사용되어 온 것은 가공이 쉽기 때문이다. 얇게 펴면 두께 0.0001mm 이하의 금박을 만들 수 있고, 1g으로 길이 3000m의 줄을 만들 수 있다. 또 류머티즘 치료제 등 의료 분야에서도 사랑받고 있다.

기초 데이터

【양성자 수】 79 【가전자 수】 –
【원 자 량】 196.966569
【녹 는 점】 1064.43 【끓 는 점】 2807
【밀 도】 19.32
【존 재 도】 [지구] 0.0011ppm
[우주] 0.187
【존재 장소】 자연금(남아프리카 등)
【가 격】 4만 9000원(1g당)
순금 봉(시장 가격)
【발 견 자】 –
【발견 연도】 –

원소 이름의 유래

원소 기호 Au는 라틴어 태양의 빛(Aurum), 영문명 Gold는 인도유럽어로 황금(geolo)

발견 당시 일화

오래전부터 알려진 원소 중 하나이다.

수은
Mercury

0.05ppm

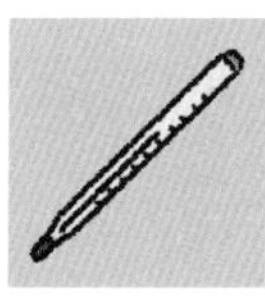

수은은 상온(15~25℃, 일본 약전)에서 유일하게 액체인 금속 원소다. 친숙한 용도로는 온도계나 체온계, 형광등이 있다. 수은 화합물은 소독약 등으로 이용되었으나 독성이 강해 현재는 거의 사용되고 있지 않다.

1950년대에 일본 구마모토 현 미나마타에서 발생한 공해병의 하나인 '미나마타병'은 메틸수은 중독으로 발생한 신경질환이다.

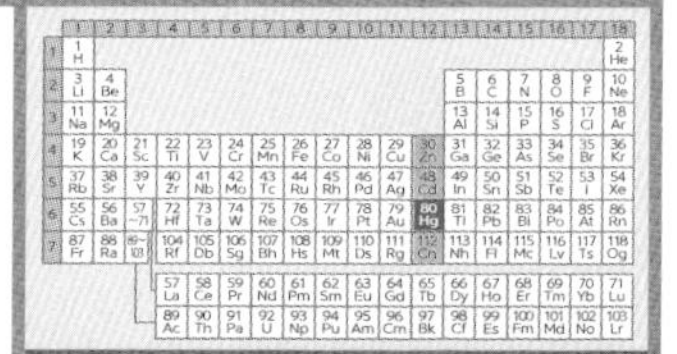

기초 데이터

【양성자 수】 80 【가전자 수】 –
【원 자 량】 200.592
【녹 는 점】 −38.87 【끓 는 점】 356.58
【밀 도】 13.546
【존 재 도】 [지구] 0.05ppm
[우주] 0.34
【존재 장소】 자연 수은, 진사 등(스페인, 러시아 등)
【가 격】 190원(1g당) ★
【발 견 자】 –
【발견 연도】 –

원소 이름의 유래

로마 신화의 상업의 신 메르쿠리우스(Mercurius)

발견 당시 일화

오래전부터 알려진 원소 중 하나이다.

금속(고체) 금속(액체) 비금속(고체) 비금속(액체) 비금속(기체)

탈륨
Thallium

0.6ppm

탈륨은 상온에서는 은백색의 부드러운 금속이다. 겉모습과 성질이 납과 매우 비슷하다. 탈륨은 일반적으로 독성이 강해 과거에는 쥐나 해충 구제에 사용되었으나 현재는 쓰이지 않는다.

탈륨의 방사성 동위원소는 심장혈류 검사에 이용되는 등 의료 분야에서 방사선 영상 촬영에 활용된다. 탈륨과 수은의 합금은 수은보다 녹는 점이 낮아 극지용 온도계에 쓰인다.

기초 데이터

【양성자 수】81 【가전자 수】3
【원 자 량】204.382~204.385
【녹 는 점】304 【끓 는 점】1457
【밀 도】11.85
【존 재 도】[지구] 0.6ppm
[우주] 0.184
【존재 장소】크루케사이트, 로란다이트 등
(미국 등)
【가 격】3200원(1g당) ★
【발 견 자】윌리엄 크룩스(잉글랜드),
클로드 라미(프랑스)
【발견 연도】1861년

원소 이름의 유래

그리스어로 녹색 작은 가지(thallos)

발견 당시 일화

크룩스와 라미가 비슷한 시기에 발견하여 발견자가 누구인지를 두고 논쟁이 벌어졌다.

납
Lead

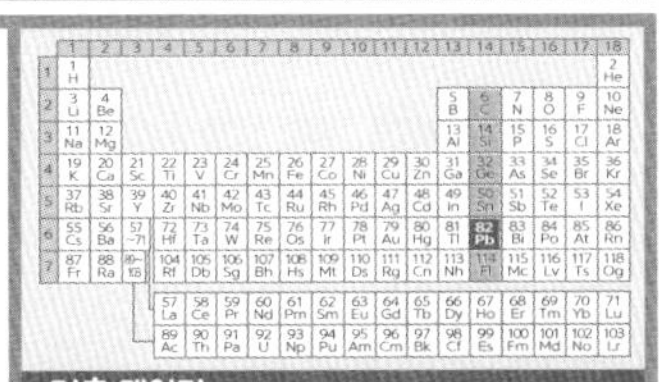

납과 납 화합물은 고대 이집트, 중국, 인도, 로마 등에서 안료나 의약품 등으로 사용됐다. 녹는점이 낮고 부드러워 가공이 쉽다. 납색이라 불리는 푸르스름한 회색은 공기 중에서 산화된 것으로 원래는 광택이 있는 백색이다. 산업적으로는 자동차 배터리에 납을 전극으로 이용한 납축전지가 사용된다. 또 이산화규소와 산화납으로 이루어진 납유리는 방사선 차폐물로 쓰인다.

기초 데이터

【양성자 수】82 【가전자 수】4
【원 자 량】207.2
【녹 는 점】327.5 【끓 는 점】1740
【밀 도】11.35
【존 재 도】[지구] 14ppm
[우주] 3.15
【존재 장소】방연석, 백연석 등
(오스트레일리아, 중국 등)
【가 격】2080원(1kg당) ◆ 납 원석
【발 견 자】—
【발견 연도】—

원소 이름의 유래

원소 기호 Pb는 라틴어로 납(plumbum)

발견 당시 일화

오래전부터 알려진 원소 중 하나이다.

지각에 포함된 비율 인공원소

비스무트
Bismuth

0.048ppm

비스무트는 '초전도 케이블'에 사용된다. 초전도 케이블에는 비스무트 외에도 납, 스트론튬, 칼슘, 구리, 산소 화합물이 이용된다. 이 케이블은 전기저항을 제로(0)로 만들고 전송 시 손실이 없는 이점이 있다. 그러나 비스무트의 어떤 성질이 이런 기능에 관여하는지는 아직 밝혀지지 않았다. 그 밖에 화재용 스프링클러 헤드나 위십이지장 궤양 치료약에도 사용된다.

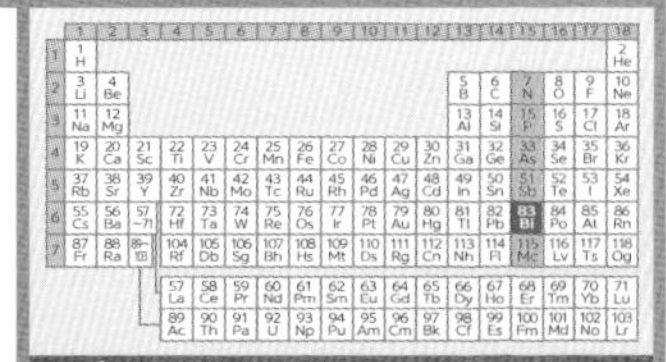

기초 데이터

【양성자 수】 83 【가전자 수】 5
【원 자 량】 208.98040
【녹 는 점】 271.3 【끓 는 점】 1610
【밀 도】 9.747
【존 재 도】 [지구] 0.048ppm
[우주] 0.144
【존재 장소】 휘창연광(비스무티나이트), 비스마이트 등(중국, 오스트레일리아 등)
【가 격】 1만 원(1g당) ■ 파편
【발 견 자】 클로드 조르푸아(프랑스)
【발견 연도】 1753년

원소 이름의 유래

라틴어로 녹다(bisemutum)

발견 당시 일화

오랫동안 납, 주석, 안티모니 등과 혼동됐으나 18세기 들어 홑원소 금속임이 밝혀졌다.

폴로늄
Polonium

'퀴리 부인'으로 알려진 마리 퀴리와 피에르 퀴리 부부가 발견한 원소다. 우라늄 광석에서 우라늄을 제거한 후에도 광석에 방사선이 남아 있다는 사실을 발견하고 실험을 거듭한 끝에 분리에 성공했다. 현재는 방사성 물질인 폴로늄이 발하는 빛을 전력으로 전환하여 원자력전지로 이용한다. 또 섬유에서 정전기를 방지하는 폴로늄 솔에도 쓰인다.

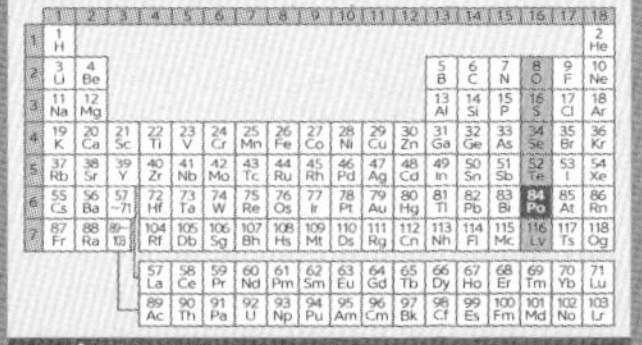

기초 데이터

【양성자 수】 84 【가전자 수】 6
【원 자 량】 209
【녹 는 점】 254 【끓 는 점】 962
【밀 도】 9.32
【존 재 도】 [지구] –
[우주] –
【존재 장소】 우라늄 광석(피치블렌드) (캐나다, 오스트레일리아 등)
【가 격】 –
【발 견 자】 퀴리 부부(프랑스)
【발견 연도】 1898년

원소 이름의 유래

퀴리 부인의 조국 폴란드(Poland)

발견 당시 일화

우라늄 광석에서 화학적으로 강한 방사성을 가진 물질을 추출하는 실험을 통해 분리했다.

금속(고체) 금속(액체) 비금속(고체) 비금속(액체) 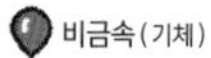

아스타틴은 산업적으로는 이용되지 않고 연구 목적으로만 쓰이고 있다. 그중에서도 기대되는 것은 암 치료 분야다. 아스타틴은 세포를 파괴하는 고에너지를 가진 알파선을 방출한다. 이 알파선을 암세포에 직접 쪼여 암을 치료한다는 발상이다. 그러나 이것이 가능해지려면 아스타틴을 암세포까지 운반하는 '짐꾼'이 필요하다. 현재 이 짐꾼 물질에 관한 연구가 진행 중이다.

기초 데이터

【양성자 수】 85 【가전자 수】 7
【원 자 량】 (209)
【녹 는 점】 302 【끓 는 점】 –
【밀 도】 –
【존 재 도】 [지구] –
[우주] –
【존재 장소】 인공원소
【가 격】 –
【발 견 자】 데일 코슨, 케네스 매켄지(모두 미국), 세그레(이탈리아)
【발견 연도】 1940년

원소 이름의 유래

그리스어로 불안정한(astatos)

발견 당시 일화

사이클로트론으로 가속한 알파선을 비스무트에 충돌시켜 새로운 방사선을 내는 방사성 동위원소를 발견했다.

라돈
Radon

라돈은 희가스에 속하는 무색의 기체다. 안정 동위원소는 존재하지 않아 모두 방사성 동위원소이며 강한 방사능을 지니고 있다.

과거에는 비파괴검사와 암 치료에 라돈이 사용되었다. 그러나 취급이 어려워 현재는 다른 방사성 물질로 대체되고 있다. 라돈을 함유한 '라돈 온천'이 알려져 있는데 의학적 효능에 대해서는 과학적으로 밝혀진 바가 없다.

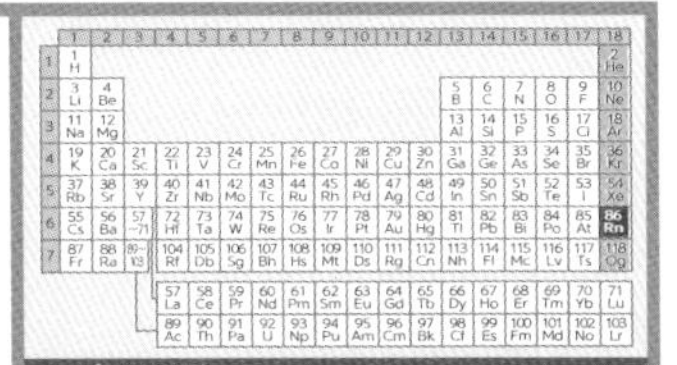

기초 데이터

【양성자 수】 86 【가전자 수】 0
【원 자 량】 (222)
【녹 는 점】 -71 【끓 는 점】 -61.8
【밀 도】 0.00973
【존 재 도】 [지구] –
[우주] –
【존재 장소】 라듐의 붕괴로 발생
【가 격】 –
【발 견 자】 프리드리히 도른(독일)
【발견 연도】 1900년

원소 이름의 유래

라듐(Radium)에서 유래한 원소

발견 당시 일화

라듐과 접촉한 공기가 방사성을 지닌다는 사실을 퀴리 부부가 발견하였다. 훗날 도른이 이 방사성의 정체는 라듐이 붕괴하여 발생하는 라돈이라는 것을 밝혔다.

지각에 포함된 비율 인공원소

원소 가격 순위

원소 중에서 가격이 가장 비싼 것은 무엇일까? 제3장에서 가격을 알아본 원소들을 '기체 부문'과 '고체·액체 부문'으로 나누어 가격이 높은 순서대로 알아보자.

기체 부문에서 가격을 소개한 원소는 모두 5종류에 불과했다. 그중에서 가장 가격이 비싼 기체는 헬륨(He)이다. **헬륨은 의료용 자기공명 영상장치(MRI)와 초전도 장치, 제조업 현장 등 다양한 곳에서 사용되고 있다.** 우주에서 두 번째로 양이 많은 원소이지만 지상에서는 희소하다. 최근에는 공급이 수요를 따라가지 못해 가격이 급등하고 있다.

고체·액체 부문에서 상위는 '희소 원소(rare metal)'라 불리는 원소다. 희소 원소란 자연계에서는 존재량이 적거나 품질이 좋은 것을 구하기 어려운 원소를 말한다. **1위 유로퓸(Eu), 3위 세슘(Cs), 4위 루비듐(Rb)은 희소 원소다.** 2위 오스뮴(Os)은 경도가 높은 금속으로 합금 재료로 사용된다.

원소 가격 순위 _ 기체 부문

순위	원소 이름(원소 기호)	가격 (1㎥당)	상태	정보 출처
1	헬륨(He)	2만 5000원	기체	♣
2	아르곤(Ar)	8500원	기체	♣
3	수소(H)	3500원	기체	♣
4	질소(N)	2700원	기체	♣
5	산소(O)	2600원	기체	♣

원소 가격 순위 _ 고체·액체 부문

순위	원소 이름(원소 기호)	가격 (1g당)	상태	정보 출처
1	유로퓸(Eu)	51만 원	파편	■
2	오스뮴(Os)	49만 5000원	분말	■
3	세슘(Cs)	44만 1000원		★
4	루비듐(Rb)	30만 2000원		★
5	툴륨(Tm)	21만 원	절삭상 툴륨	★
⋮	⋮	⋮	⋮	⋮
69	플루오린(F)	0.29원	형석	◆
70	망가니즈(Mn)	0.16원	광석	◆

가격 정보 출처

♣…『물가자료』(2018년 7월호, 일본)

◆…독립행정법인 석유천연가스·금속광물자원기구 『광물자원 머테리얼 플로』(2017년, 일본)

■…(주)닐라코 순금속가격표(일본)

★…와코순약공업(Siyaku.com)　　1달러=1100원으로 계산

프랑슘
Francium

프랑슘은 자연계에서 마지막으로 발견된 원소다. 존재량이 적어 특별한 용도는 없다. 화학적 성질도 거의 밝혀지지 않았다. 주기율표에서 가장 질량이 큰 알칼리 금속으로 예전부터 존재가 예언되어 있었다. 몇 번인가 보고된 바 있으나 모두 오류로 밝혀졌고 예언된 지 70년 가까이 지나 발견되었다. 발견자 마르그리트 페레는 마리 퀴리가 설립한 퀴리 연구소의 연구원이다.

기초 데이터

【양성자 수】87 【가전자 수】1
【원 자 량】(223)
【녹 는 점】27 【끓 는 점】677
【밀 도】—
【존 재 도】[지구] —
[우주] —
【존재 장소】우라늄 광석(피치블렌드)
(캐나다, 러시아 등)
【가 격】—
【발 견 자】마르그리트 페레(프랑스)
【발견 연도】1939년

원소 이름의 유래

프랑스(France)

발견 당시 일화

악티늄이 붕괴하며 생성된 방사성원소로 발견되었다.

라듐
Radium

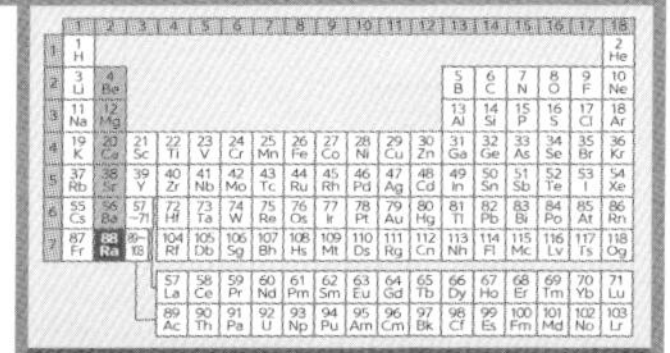

라듐은 안정동위원소가 존재하지 않아 모두 방사성 동위원소다. 1898년 퀴리 부부가 발견했다. 마리 퀴리는 라듐의 방사선에 피폭되어 백혈병으로 사망했다고 알려져 있다.

라듐은 과거에 야광도료로 시계 문자판에 사용했으나 미국의 시계공장 직원들에게 잇달아 암이 발병하는 피해가 있었다. 현재는 공업적인 용도로는 사용되지 않고 있다.

기초 데이터

【양성자 수】88 【가전자 수】2
【원 자 량】(226)
【녹 는 점】700 【끓 는 점】1140
【밀 도】5
【존 재 도】[지구] 0.0000006ppm
[우주] —
【존재 장소】우라늄 광석(피치블렌드)
(캐나다, 러시아 등)
【가 격】—
【발 견 자】퀴리 부부(프랑스)
【발견 연도】1898년

원소 이름의 유래

라틴어로 방사선(radius)

발견 당시 일화

우라늄 광석에서 우라늄보다 강한 방사성을 가진 바륨과 비슷한 새로운 원소로 분리되었다.

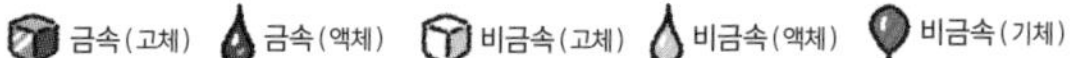

89 Ac 악티늄 Actinium

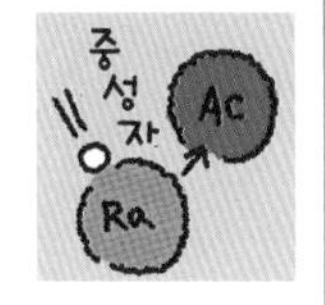

악티늄은 방사성을 지닌 은백색의 금속 원소다. 어두운 장소에서 청백색으로 빛나는 특성이 있다. 자연계에서 존재하는 방사성원소로 우라늄 광석에 미량 함유되어 있다. 존재량이 적고 강한 방사능을 갖고 있어서 연구 이외의 용도는 없다. 악티늄은 라듐에 중성자를 충돌시켜 만들어진다. 발견자 드비에른은 퀴리 부부와 친교를 맺고 있던 프랑스의 과학자다.

기초 데이터

【양성자 수】 89 【가전자 수】 —
【원 자 량】 (227)
【녹 는 점】 1050 【끓 는 점】 3200
【밀 도】 10.06
【존 재 도】 [지구] —
[우주] —
【존재 장소】 우라늄 광석(피치블렌드)(캐나다 등)
【가 격】 —
【발 견 자】 앙드레 드비에른(프랑스)
【발견 연도】 1899년

원소 이름의 유래

그리스어로 방사선, 빛(aktis)

발견 당시 일화

퀴리 부부가 폴로늄과 라듐을 분리시킨 후 피치블렌드(우라늄 광물의 일종)에서 강한 방사성을 지닌 원소를 발견했다.

90 Th 토륨 Thorium

12ppm

토륨은 은백색의 금속이다. 동위원소는 모두 방사성이며, 안정동위원소(동위원소 중 방사성 붕괴를 하지 않는 원소)는 없다. 토륨은 존재량이 풍부하여 원자력 발전에 이용이 검토되고 있다.

화합물인 이산화토륨은 녹는점이 높아 내화성이 뛰어나 도가니 재료 등으로 이용된다. 흔히 볼 수는 없지만 가스 맨틀이라 불리는 가스 등의 발광체 섬유에도 토륨이 함유되어 있다.

기초 데이터

【양성자 수】 90 【가전자 수】 —
【원 자 량】 232.0377
【녹 는 점】 1750 【끓 는 점】 4790
【밀 도】 11.72
【존 재 도】 [지구] 12ppm
[우주] 0.0335
【존재 장소】 모나자이트, 토르석(토라이트)(캐나다, 오스트레일리아 등)
【가 격】 —
【발 견 자】 베르셀리우스(스웨덴)
【발견 연도】 1828년

원소 이름의 유래

북유럽 신화에 등장하는 천둥의 신 토르(Thor)

발견 당시 일화

베르셀리우스가 스웨덴의 해안에서 발견한 무거운 흑석(토르석)을 분석하여 발견했다.

지각에 포함된 비율 인공원소

프로트악티늄
Protactinium

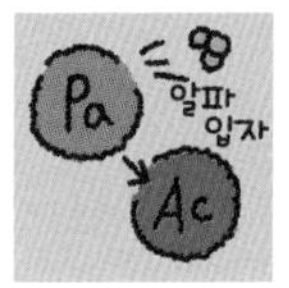

프로트악티늄은 방사성 원소로 31종류의 동위원소가 알려져 있다. 그중 세 종류가 자연계에 존재하고 나머지는 인공적으로 만든 것이다. 안정동위원소는 없다. 붕괴되면 악티늄이 되므로 악티늄 '이전'이라는 뜻의 '프로토(proto)'를 붙였으나, 줄여서 프로트악티늄(protactinium)이 되었다. 화학적 성질은 탄탈럼과 비슷하다. 해저 심적층의 연대 측정에 이용된다.

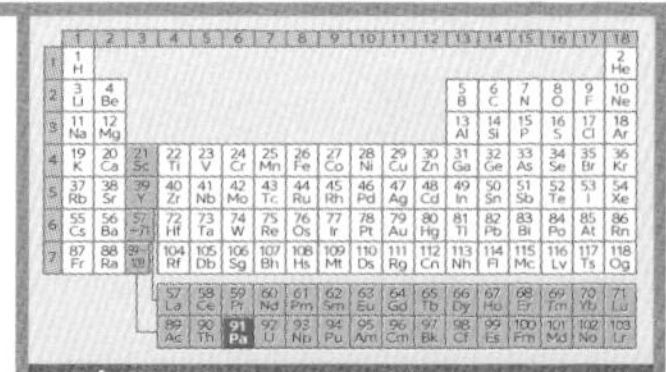

기초 데이터

【양성자 수】 91 【가전자 수】 —
【원 자 량】 231.03588
【녹 는 점】 1840 【끓 는 점】 —
【밀 도】 15.37(계산치)
【존 재 도】 [지구] —
[우주] —
【존재 장소】 우라늄 광석(피치블렌드)
【가 격】 —
【발 견 자】 오토 한(독일)과 리제 마이트너(오스트리아), 프레데릭 소디와 존 크랜스턴(모두 잉글랜드)
【발견 연도】 1918년

원소 이름의 유래

악티늄의 이전(proto)

발견 당시 일화

멘델레예프가 예언한 원소로 원소가 알파 붕괴하여 악티늄227이 된다는 사실을 발견했다.

우라늄
Uranium

2.4ppm

우라늄의 동위원소는 몇 가지가 알려져 있는데 모두 방사성이다. 우라늄의 원자핵에 중성자를 충돌시키면 핵분열이 일어나 에너지가 발생한다. 이 핵분열의 연쇄반응을 지속시켜 단번에 엄청난 에너지를 얻는 것이 원자력발전의 원리다. 19세기 중반에는 유리에 우라늄을 섞은 우라늄 유리로 컵과 화병 등을 만들었다. 유리색이 아름다워 현재도 앤틱 소품으로 인기 있다.

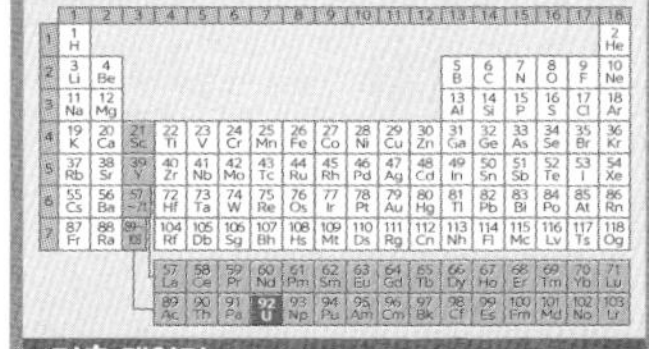

기초 데이터

【양성자 수】 92 【가전자 수】 —
【원 자 량】 238.02891
【녹 는 점】 1132.3 【끓 는 점】 3745
【밀 도】 18.950(α)
【존 재 도】 [지구] 2.4ppm
[우주] 0.0090
【존재 장소】 피치블렌드 등(카자흐스탄 등)
【가 격】 —
【발 견 자】 클라프로트(독일)
【발견 연도】 1789년

원소 이름의 유래

천왕성(Uranus)

발견 당시 일화

클라프로트가 발견한 것은 우라늄 산화물이었다. 금속 우라늄은 그로부터 50년 후 얻게 되었다.

금속(고체) 금속(액체) 비금속(고체) 비금속(액체) 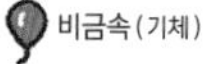

넵투늄

Neptunium

넵투늄 이후의 원소는 인공적으로 합성된 것으로 초우라늄 원소라 불린다. 넵투늄은 우라늄에 중성자를 충돌시켜 얻었다. 원자력발전소의 사용 후 핵연료에도 넵투늄이 함유되어 있다. 또 플루토늄의 제조에도 사용되고 있다.

주기율표에서 우라늄 다음에 위치하기 때문에 원소 이름을 태양계의 천왕성(Uranus) 다음 행성인 해왕성(Neptune)을 따서 붙였다.

기초 데이터

【양성자 수】 93 【가전자 수】 –
【원 자 량】 (237)
【녹 는 점】 640 【끓 는 점】 3900
【밀　　도】 20.25(α)
【존 재 도】 [지구] –
[우주] –
【존재 장소】 우라늄 광석
(캐나다, 오스트레일리아, 러시아)
【가　　격】 –
【발 견 자】 에드윈 맥밀런, 필립 에이벌슨
(모두 미국)
【발견 연도】 1940년

원소 이름의 유래

해왕성(Neptune)

발견 당시 일화

1952~1953년 우라늄 광석에서 넵투늄과 플루토늄이 발견되었다.

플루토늄

Plutonium

플루토늄은 우라늄에 중양자(중수소의 원자핵)를 쪼여 나온 물질로 인공적으로 생성된 원소다. 우라늄처럼 핵분열 반응을 일으켜 원자력발전의 핵연료로 사용한다. 또 플루토늄이 방출하는 열을 전력으로 이용하는 원자력 전지에 사용되며, 인공위성 등에 탑재되고 있다.

주기율표에서 넵투늄 다음에 위치해서 해왕성 다음 행성인 명왕성(Pluto) 이름이 붙었다.

기초 데이터

【양성자 수】 94 【가전자 수】 –
【원 자 량】 (244)
【녹 는 점】 641 【끓 는 점】 3232
【밀　　도】 19.84
【존 재 도】 [지구] –
[우주] –
【존재 장소】 우라늄 광석
(캐나다, 오스트레일리아, 러시아)
【가　　격】 –
【발 견 자】 글렌 시보그, 조지프 케네디,
아서 월(모두 미국)
【발견 연도】 1940년

원소 이름의 유래

명왕성(Pluto)

발견 당시 일화

넵투늄238의 베타 붕괴를 통해 생성된 물질이다.

지각에 포함된 비율 인공원소

아메리슘
Americium

아메리슘은 플루토늄에 중성자를 쪼여 생성된 원소다. 플루토늄의 부산물로서 저렴한 가격에 얻을 수 있어 공업 분야에서 이용되고 있다. 방사선으로 두께를 측정하는 계측기와 연기 감지기의 센서 등에 쓰인다.

원소 이름은 발견된 장소인 아메리카 대륙에서 유래되었다. 93번부터 106번까지의 원소는 미국의 캘리포니아대학의 연구팀이 발견했다.

기초 데이터

【양성자 수】 95　【가전자 수】 –
【원 자 량】 (243)
【녹 는 점】 1172　【끓 는 점】 2607
【밀　　도】 13.67
【존 재 도】 [지구] 0ppm
[우주] –
【존재 장소】 플루토늄에서 생성
【가　　격】 –
【발 견 자】 시보그, 랄프 제임스, 레온 모건, 알버트 기오르소(모두 미국)
【발견 연도】 1945년

원소 이름의 유래

미국(America)

발견 당시 일화

주기율표상 바로 위에 있는 유로퓸의 명칭이 유럽에서 유래하므로 아메리카 대륙을 따서 이름 붙였다.

퀴륨
Curium

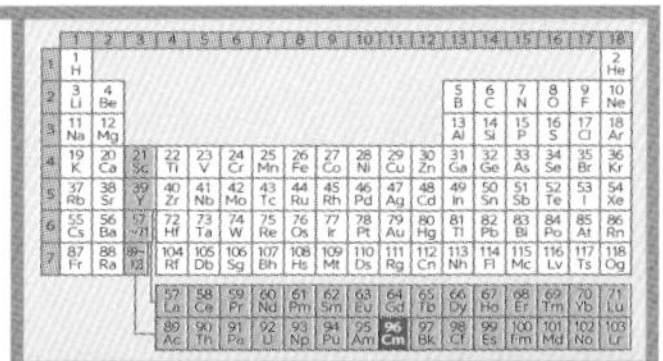

퀴륨은 플루토늄에 알파 붕괴(헬륨의 원자핵)를 통해 생성된 원소다. 과거에는 원자력 전지의 에너지원으로 사용되었으나 현재는 그 역할을 플루토늄에 넘겨주고 연구용으로만 사용된다.

원소 이름은 주기율표에서 바로 위에 있는 가돌리늄이 인명에서 유래한 것처럼 방사능 연구에 이름을 남긴 퀴리 부부로부터 유래했다.

기초 데이터

【양성자 수】 96　【가전자 수】 –
【원 자 량】 (247)
【녹 는 점】 1340　【끓 는 점】 –
【밀　　도】 13.3
【존 재 도】 [지구] 0ppm
[우주] –
【존재 장소】 원자로
【가　　격】 –
【발 견 자】 시보그, 제임스, 기오르소(모두 미국)
【발견 연도】 1944년

원소 이름의 유래

퀴리 부부

발견 당시 일화

퀴륨의 동위원소는 19종류가 발견되었으며 모두 방사성이다.

금속(고체) 금속(액체) 비금속(고체) 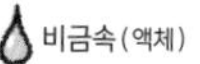 비금속(액체)  비금속(기체)

버클륨 Berkelium

버클륨은 아메리슘에 알파 입자를 쬐어 생성된 원소다. 원소 이름은 원소가 생성된 장소인 미국 '버클리'에서 유래한다. 캘리포니아대학 버클리 캠퍼스의 연구팀이 발견했다.

버클륨은 강한 방사선을 방출하기 때문에 매우 위험하여 연구 이외의 용도는 없다. 미국에서 지금까지 생성된 버클륨의 양은 1g을 넘은 정도라고 한다.

기초 데이터

【양성자 수】 97 【가전자 수】 –
【원 자 량】 (247)
【녹 는 점】 1047 【끓 는 점】 –
【밀 도】 14.79
【존 재 도】 [지구] 0ppm
[우주] –
【존재 장소】 원자로
【가 격】 –
【발 견 자】 톰슨, 기오르소, 시보그(모두 미국)
【발견 연도】 1949년

원소 이름의 유래

미국 버클리(Berklee)

발견 당시 일화

주기율표상 바로 위에 있는 터븀이 스웨덴 지명에서 유래한 것을 따라 원소 생성지인 버클리를 따서 이름 붙였다.

캘리포늄 Californium

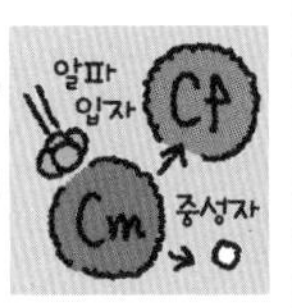

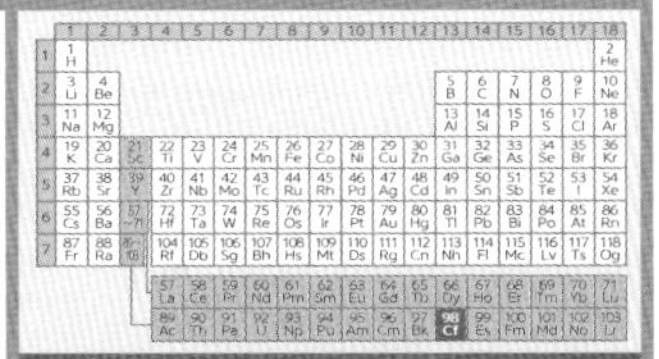

퀴륨에 알파 입자를 쪼여 생성된 원소다. 캘리포늄은 중성자를 방출하므로 원자로에서 사용하는 중성자의 토대가 된다. 캘리포늄의 중성자를 사용하여 유전을 채굴하거나 항공기의 내부를 확인하는 비파괴검사를 하기도 한다. 캘리포늄은 산업적 이용이 가능한 가장 무거운 원소로 알려져 있다. 원소 이름은 연구팀이 속한 대학과 발견 장소의 주(州) 이름에서 유래했다.

기초 데이터

【양성자 수】 98 【가전자 수】 –
【원 자 량】 (251)
【녹 는 점】 900 【끓 는 점】 –
【밀 도】 –
【존 재 도】 [지구] 0ppm
[우주] –
【존재 장소】 원자로
【가 격】 –
【발 견 자】 톰슨, 케네스 스트리트 주니어, 기오르소, 시보그(모두 미국)
【발견 연도】 1950년

원소 이름의 유래

캘리포니아대학과 주 이름

발견 당시 일화

캘리포늄의 동위원소는 20종류가 발견되었고 모두 방사성이다.

지각에 포함된 비율 인공원소

아인슈타이늄
Einsteinium

1952년에 실시한 수소폭탄 실험으로 발견된 원소다. 실험에서 치솟은 원자 구름에 포함된 물질을 회수하여 분석한 결과 새로운 원소가 발견되었다. 용도는 연구용에 한정된다. 실험은 군사기밀이었기 때문에 새로운 원소 발견 사실이 공표된 것은 1955년이 되어서였다. 이름을 붙일 당시 같은 해에 서거한 아인슈타인에 경의를 표하는 뜻에서 현재의 원소 이름이 되었다.

기초 데이터

【양성자 수】 99 【가전자 수】 —
【원 자 량】 (252)
【녹 는 점】 860 【끓 는 점】 —
【밀 도】 —
【존 재 도】 [지구] 0ppm
[우주] —
【존재 장소】 원자로
【가 격】 —
【발 견 자】 버나드 하비(잉글랜드), 그레고리 초핀, 톰슨, 기오르소(모두 미국)
【발견 연도】 1952년

원소 이름의 유래

물리학자 아인슈타인

발견 당시 일화

아인슈타이늄의 동위원소는 21종류가 있고 모두 방사성이다.

페르뮴
Fermium

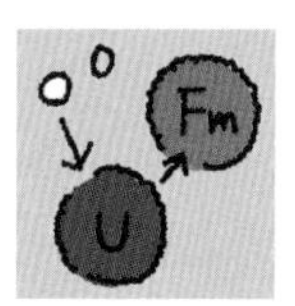

페르뮴도 1952년 수소폭탄 실험에서 발견된 원소다. 그 후 연구팀은 1953~1954년 우라늄에 산소 이온을 충돌시켜 페르뮴을 인공적으로 생성하는 데 성공했다. 원자로에서 제조 가능한 최대의 원소이지만 바로 붕괴해버리는 특징이 있다. 연구용으로만 사용되고, 수소폭탄의 설계자가 이탈리아의 원자물리학자 페르미의 제자였기 때문에 그의 이름이 붙었다.

기초 데이터

【양성자 수】 100 【가전자 수】 —
【원 자 량】 (257)
【녹 는 점】 — 【끓 는 점】 —
【밀 도】 —
【존 재 도】 [지구] 0ppm
[우주] —
【존재 장소】 원자로
【가 격】 —
【발 견 자】 톰슨, 기오르소(모두 미국) 연구팀
【발견 연도】 1952년

원소 이름의 유래

원자물리학자 엔리코 페르미

발견 당시 일화

페르뮴의 동위원소는 20종류가 발견되었고 모두 방사성이다.

금속(고체) 금속(액체) 비금속(고체) 비금속(액체) 비금속(기체)

멘델레븀
Mendelevium

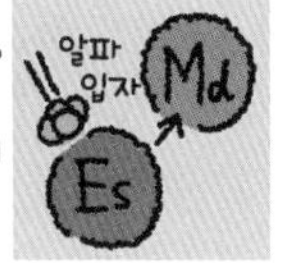

가속기로 아인슈타이늄에 알파 입자를 쪼여 만든 원소다. 모두 방사성 동위원소로 바로 붕괴되기 때문에 물리·화학적인 성질은 잘 알려지지 않았다. 연구용으로 사용되고 있다. 멘델레븀 이후의 원소는 매우 무거워 중원소라 불린다. 원소 이름은 주기율표를 만든 러시아의 화학자 멘델레예프에서 유래한다. 원소 기호는 처음에는 Mv였으나 Md로 변경되었다.

기초 데이터

【양성자 수】 101 【가전자 수】 –
【원 자 량】 (258)
【녹 는 점】 – 【끓 는 점】 –
【밀 도】 –
【존 재 도】 [지구] 0ppm
[우주] –
【존재 장소】 가속기에서 합성
【가 격】 –
【발 견 자】 하비(잉글랜드), 초핀, 톰슨, 기오르소, 시보그(모두 미국)
【발견 연도】 1955년

원소 이름의 유래

화학자 멘델레예프

발견 당시 일화

동위원소는 22종류가 있고 모두 방사성이다. 페르뮴보다도 큰 원소는 가속기로 생성할 수 있다.

노벨륨
Nobelium

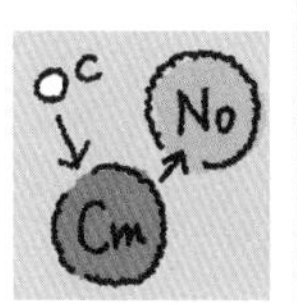

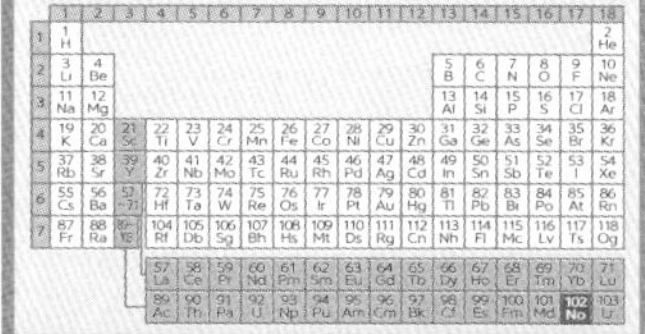

가속기에서 퀴륨에 탄소 이온을 쪼여 만든 원소다.

1957년 스웨덴의 노벨연구소에서 발견하여 연구소 이름인 과학자 노벨의 이름을 따랐다. 그러나 이후 미국의 연구팀이 추가시험을 한 결과 해당 원소의 확인이 불가능했다. 1958년 미국 연구팀이 다른 방법으로 생성에 성공했고 원소 이름은 그대로 사용하게 되었다.

기초 데이터

【양성자 수】 102 【가전자 수】 –
【원 자 량】 (259)
【녹 는 점】 – 【끓 는 점】 –
【밀 도】 –
【존 재 도】 [지구] 0ppm
[우주] –
【존재 장소】 가속기에서 합성
【가 격】 –
【발 견 자】 시보그, 기오르소(모두 미국) 연구팀
【발견 연도】 1958년

원소 이름의 유래

화학자 알프레드 노벨

발견 당시 일화

노벨륨의 동위원소는 14종류가 발견되었고 모두 방사성이다.

지각에 포함된 비율 인공원소

로렌슘
Lawrencium

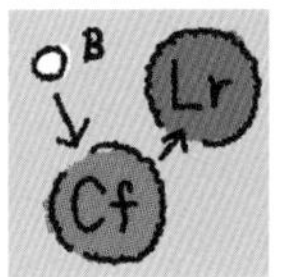

가속기로 캘리포늄의 3가지 동위원소 혼합물에 붕소 이온을 쪼여 생성된 원소다. 1961년 발견되었다. 1965년에는 아메리슘에 산소를 쪼여 동위원소가 생성되기도 했다.

원소 이름은 사이클로트론이라는 가속기를 발명한 미국의 물리학자 어니스트 로렌스의 이름에서 유래했다. 로렌스는 원소의 합성에 반드시 필요한 가속기를 실용화한 인물이다.

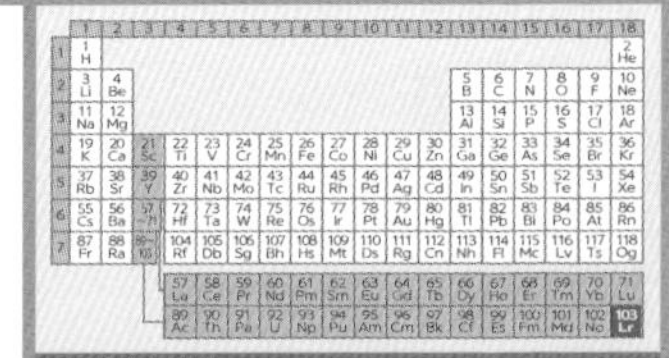

기초 데이터

【양성자 수】 103 【가전자 수】 –
【원 자 량】 (266)
【녹 는 점】 – 【끓 는 점】 –
【밀 도】 –
【존 재 도】 [지구] 0ppm
[우주] –
【존재 장소】 가속기에서 합성
【가 격】 –
【발 견 자】 기오르소(미국) 연구팀
【발견 연도】 1961년

원소 이름의 유래

물리학자 어니스트 로렌스

발견 당시 일화

로렌슘의 동위원소는 14종류가 있고 모두 방사성이다. 최근 이 원소의 원자구조에 관한 논의가 이루어지고 있다.

러더포듐
Rutherfordium

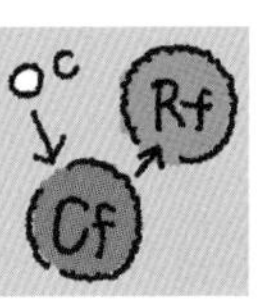

가속기에서 캘리포늄에 탄소를 쪼여 생성된 원소다. 러더포듐의 물리·화학적 성질은 밝혀진 바가 거의 없으나 하프늄, 지르코늄과 성질이 비슷하다고 알려져 있다. 러더포듐은 미국과 소련의 연구팀이 각각 발견해 원소 이름이 통일되지 못하다가 1997년에 미국 측이 제안한 이름으로 통일되었다. 러더포듐은 영국의 물리학자 러더퍼드의 이름에서 유래한다.

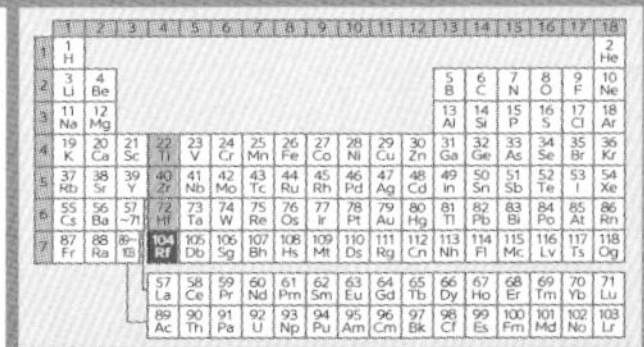

기초 데이터

【양성자 수】 104 【가전자 수】 –
【원 자 량】 (267)
【녹 는 점】 – 【끓 는 점】 –
【밀 도】 23(계산치)
【존 재 도】 [지구] 0ppm
[우주] –
【존재 장소】 가속기에서 합성
【가 격】 –
【발 견 자】 기오르소(미국) 연구팀
【발견 연도】 1969년

원소 이름의 유래

물리학자 러더퍼드

발견 당시 일화

러더포듐의 동위원소는 15종류가 있고 모두 방사성이다.

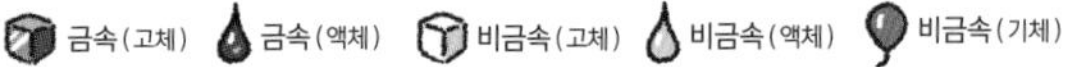

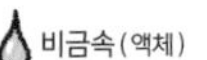

러시아의 그레고리 플레로프 연구팀과 미국의 기오르소 연구팀이 1970년 같은 시기에 발견했다. 플레로프 팀은 아메리슘에 네온을 충돌시켜 생성하고, 기오르소 팀은 캘리포늄에 질소를 충돌시켜 생성했다. 원소 이름을 둘러싸고 오랫동안 논쟁이 있다가 1997년 플레로프 연구팀 소속 합동원자핵연구소가 있는 러시아 지명 '두브나'를 따라 더브늄이 됐다.

기초 데이터

【양성자 수】 105 【가전자 수】 –
【원 자 량】 (268)
【녹 는 점】 – 【끓 는 점】 –
【밀　　도】 29
【존 재 도】 [지구] 0ppm
[우주] –
【존재 장소】 가속기에서 합성
【가　　격】 –
【발 견 자】 플레로프(러시아) 연구팀, 기오르소(미국) 연구팀
【발견 연도】 1970년

원소 이름의 유래

러시아의 두브나

발견 당시 일화

더브늄은 동위원소가 15종류 있고 모두 방사성이다.

시보귬
Seaborgium

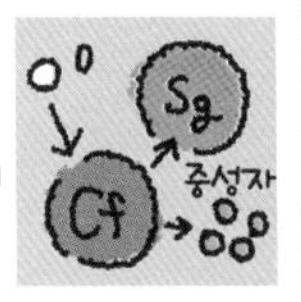

가속기에서 캘리포늄에 산소를 충돌시켜 생성된 원소다. 성질은 거의 밝혀지지 않아 연구용으로 사용되고 있다. 더브늄과 마찬가지로 미국의 연구팀과 소련의 연구팀이 같은 시기에 발견하여 원소 이름을 둘러싸고 논쟁이 벌어졌다. 원소 이름은 플루토늄과 아메리슘 등 9개의 원소를 합성한 미국의 화학자 시보그에게서 따왔다. 살아 있는 인물의 이름을 붙인 첫 사례다.

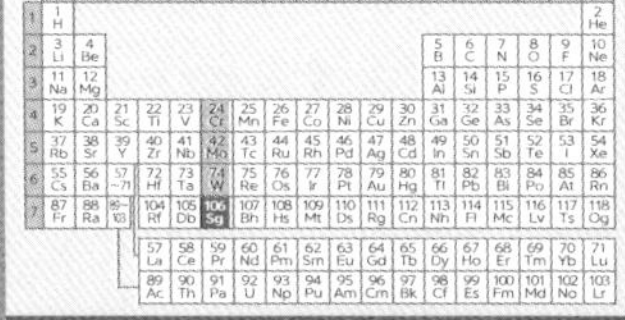

기초 데이터

【양성자 수】 106 【가전자 수】 –
【원 자 량】 (271)
【녹 는 점】 – 【끓 는 점】 –
【밀　　도】 35(계산치)
【존 재 도】 [지구] 0ppm
[우주] –
【존재 장소】 가속기에서 합성
【가　　격】 –
【발 견 자】 기오르소(미국) 연구팀
【발견 연도】 1974년

원소 이름의 유래

화학자 시보그

발견 당시 일화

시보그는 악티넘족 원소의 명명자다. 시보귬의 동위원소는 13종류가 있으며 모두 방사성이다.

보륨
Bohrium

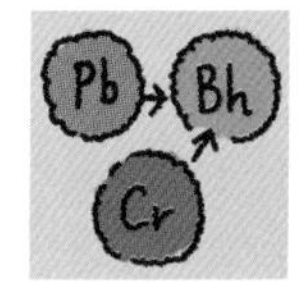

가속기에서 납과 크로뮴의 원자핵 반응을 통해 생성된 원소다. 물리·화학적 성질은 거의 밝혀지지 않았다. 주로 연구용으로 사용된다. 107번 원소 이후로는 독일 과학자들의 발견이 이어진다. 원소 이름은 처음에는 양자역학의 확립에 크게 이바지한 덴마크의 물리학자 닐스 보어의 이름을 합하여 '닐스보륨'이 제안되었으나 최종적으로는 성만 채택되었다.

기초 데이터

【양성자 수】 107 【가전자 수】 –
【원 자 량】 (270)
【녹 는 점】 – 【끓 는 점】 –
【밀 도】 37(계산치)
【존 재 도】 [지구] 0ppm
[우주] –
【존재 장소】 가속기에서 합성
【가 격】 –
【발 견 자】 피터 암부르스터, 고트프리트 뮌첸베르크(모두 독일) 연구팀
【발견 연도】 1981년

원소 이름의 유래

물리학자 닐스 보어

발견 당시 일화

보륨의 동위원소는 12종류가 발견되었고 모두 방사성이다. 2000년에 보륨의 산화물이 합성되었다.

하슘
Hassium

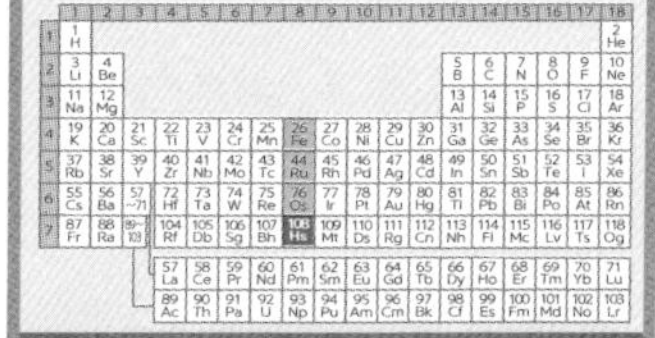

가속기에서 납에 철 이온을 충돌시켜 생성된 원소다. 원소는 양성자 또는 중성자가 특정한 수일 때 안정적이라고 여겨져 왔다. 이때 그 수를 '마법의 수'라고 한다. 108인 하슘의 양성자 수도 마법의 수로 알려졌으나 당시에 바로 붕괴해버렸다. 마법의 수가 커지면 안정되지 못하는 듯하다. 원소 이름은 발견한 연구팀의 연구소가 있는 독일의 헤센 주에서 유래한다.

기초 데이터

【양성자 수】 108 【가전자 수】 –
【원 자 량】 (277)
【녹 는 점】 – 【끓 는 점】 –
【밀 도】 41(계산치)
【존 재 도】 [지구] 0ppm
[우주] –
【존재 장소】 가속기에서 합성
【가 격】 –
【발 견 자】 암브루스터, 뮌첸베르크(모두 독일) 연구팀
【발견 연도】 1984년

원소 이름의 유래

독일의 헤센(옛 이름 헤시아)

발견 당시 일화

하슘의 동위원소는 15종류가 있고 모두 방사성이다. 2002년에 하슘의 사산화물이 합성되었다.

금속(고체) 금속(액체) 비금속(고체) 비금속(액체) 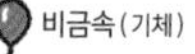

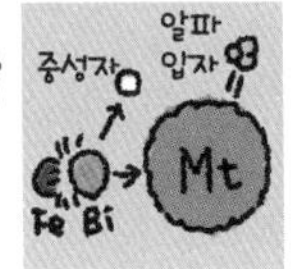

가속기에서 비스무트에 철의 원자핵을 충돌시켜 생성된 원소다. 화학적 성질은 거의 밝혀지지 않았다. 원소 이름은 오스트리아의 리제 마이트너에서 유래했다. 1982년에 발견되었으나 이름이 확정된 것은 1997년이다. 검증에 시간이 걸렸기 때문이다. 원소 이름에 여성의 이름이 붙은 것은 마리 퀴리와 리제 마이트너 두 명뿐이다.

기초 데이터

【양성자 수】 109 【가전자 수】 —
【원 자 량】 (278)
【녹 는 점】 — 【끓 는 점】 —
【밀 도】 —
【존 재 도】 [지구] 0ppm
[우주] —
【존재 장소】 가속기에서 합성
【가 격】 —
【발 견 자】 암부르스터, 뮌첸베르크 (모두 독일) 연구팀
【발견 연도】 1982년

원소 이름의 유래

물리학자 리제 마이트너

발견 당시 일화

발견 당시 원자 1개가 합성되었다.

110 Ds 다름슈타튬 Darmstadtium

가속기에서 납에 니켈 이온을 쪼여 생성된 원소다. 화학적 성질은 밝혀지지 않았으나 은색 또는 회색의 금속으로 추정되고 있다.

원소 이름은 원소를 발견한 연구팀의 연구소가 있는 독일의 헤센 주 다름슈타트라는 마을 이름에서 유래한다.

기초 데이터

【양성자 수】 110 【가전자 수】 —
【원 자 량】 (281)
【녹 는 점】 — 【끓 는 점】 —
【밀 도】 —
【존 재 도】 [지구] 0ppm
[우주] —
【존재 장소】 가속기에서 합성
【가 격】 —
【발 견 자】 암브루스터, 달린 호프먼(모두 독일) 연구팀
【발견 연도】 1994년

원소 이름의 유래

독일 다름슈타트

발견 당시 일화

당시 원자 3개가 합성되었다. 추가로 원자 14개가 일본 이화학연구소에서 만들어졌다.

지각에 포함된 비율 인공원소

뢴트게늄
Roentgenium

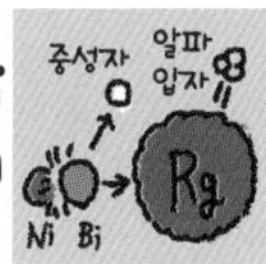

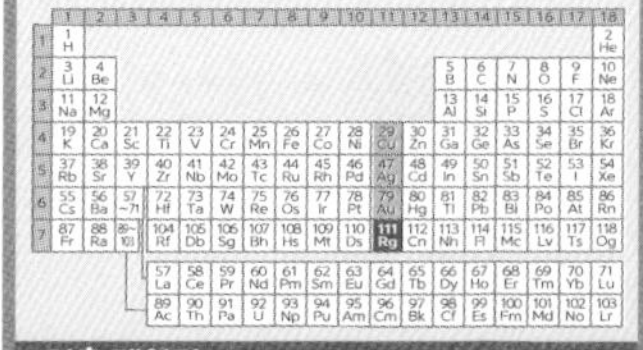

가속기에서 비스무트에 니켈을 충돌시켜 합성된 원소다. 독일의 연구팀이 발견했을 당시 겨우 100분의 1초밖에 존재하지 않아 충분한 검증이 이루어지지 않았다고 주장하는 과학자들도 있었다. 그러나 독일 연구팀이 다시 같은 원소를 만들어 새로운 원소로 인정받았다. 뢴트겐이 X선을 발견한 지 약 100년이 지났다는 의미로 뢴트게늄이라는 원소 이름이 붙었다.

기초 데이터

【양성자 수】 111 【가전자 수】 –
【원 자 량】 (282)
【녹 는 점】 – 【끓 는 점】 –
【밀 도】 –
【존 재 도】 [지구] 0ppm
[우주] –
【존재 장소】 가속기에서 합성
【가 격】 –
【발 견 자】 암브루스터, 호프먼 연구팀(모두 독일)
【발견 연도】 1994년

원소 이름의 유래

물리학자 빌헬름 뢴트겐

발견 당시 일화

원자 6개가 합성되고, 추가로 원자 14개가 일본 이화학연구소에서 만들어졌다.

코페르니슘
Copernicium

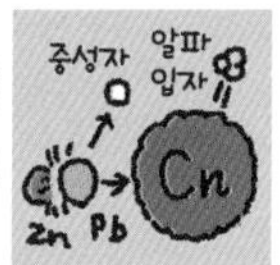

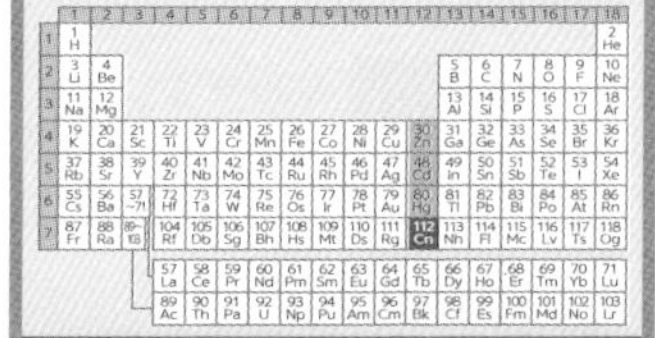

가속기에서 납에 아연 이온을 충돌시켜 합성된 원소다. 독일 연구팀이 발견했으며, 일본 이화학연구소가 추가 실험했다. 2010년 IUPAC에서 지동설을 제창한 천문학자 코페르니쿠스의 탄생일인 2월 19일에 원소 이름을 코페르니슘으로 결정했다. 원소 기호는 처음에는 Cp가 검토되었으나 루테튬(Lu)이 과거 카시오퓸(Cp)이라 불린 것을 고려하여 Cn이 되었다.

기초 데이터

【양성자 수】 112 【가전자 수】 –
【원 자 량】 (285)
【녹 는 점】 – 【끓 는 점】 –
【밀 도】 –
【존 재 도】 [지구] 0ppm
[우주] –
【존재 장소】 가속기에서 합성
【가 격】 –
【발 견 자】 암부르스터, 호프먼 연구팀(모두 독일)
【발견 연도】 1996년

원소 이름의 유래

천문학자 코페르니쿠스

발견 당시 일화

원자 2개가 합성되고, 추가로 원자 2개가 일본 이화학연구소에서 만들어졌다.

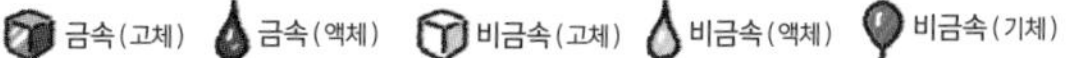

113 Nh 니호늄 Nihonium

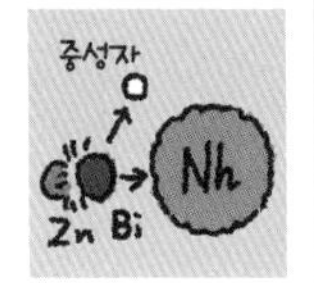

일본 이화학연구소가 발견한 원소다. 새 원소 합성 실험은 2003년 9월에 시작되었다. 가속기로 아연의 원자핵(양성자 수 30)을 비스무트의 원자핵(양성자 수 83)에 연속적으로 충돌시킨 결과 2004년 7월 113번 원소 합성이 최초로 확인되었다. 2005년 4월과 2012년 8월에도 합성에 성공했다. 연구팀은 2015년 12월에 새 원소의 명명권을 획득, 2016년 11월 정식 승인을 받았다.

기초 데이터

【양성자 수】 113 【가전자 수】 —
【원 자 량】 (286)
【녹 는 점】 — 【끓 는 점】 —
【밀 도】 —
【존 재 도】 [지구] 0ppm
[우주] —
【존재 장소】 가속기에서 합성
【가 격】 —
【발 견 자】 모리타 고스케를 중심으로 한 일본 이화학연구소 연구팀
【발견 연도】 2004년

원소 이름의 유래

아시아에서 처음 발견한 새로운 원소로 원소 이름은 발견한 나라 일본

발견 당시 일화

원자 3개가 일본 이화학연구소에서 만들어졌다.

114 Fl 플레로븀 Flerovium

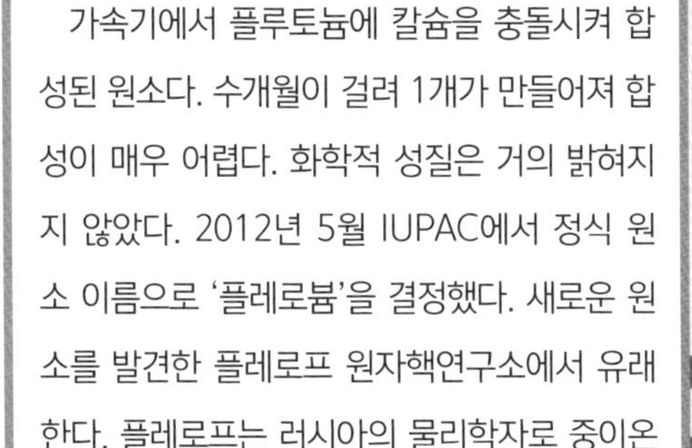

가속기에서 플루토늄에 칼슘을 충돌시켜 합성된 원소다. 수개월이 걸려 1개가 만들어져 합성이 매우 어렵다. 화학적 성질은 거의 밝혀지지 않았다. 2012년 5월 IUPAC에서 정식 원소 이름으로 '플레로븀'을 결정했다. 새로운 원소를 발견한 플레로프 원자핵연구소에서 유래한다. 플레로프는 러시아의 물리학자로 중이온(heavy ion) 물리학의 개척자다.

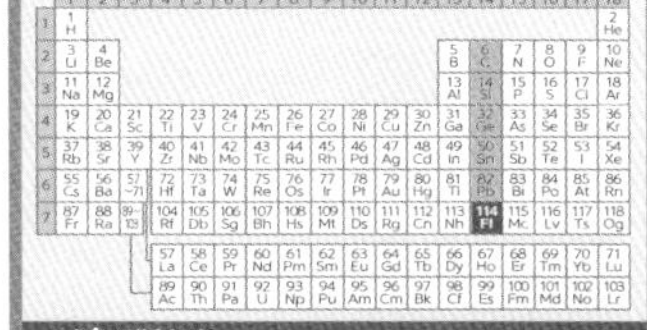

기초 데이터

【양성자 수】 114 【가전자 수】 4
【원 자 량】 (289)
【녹 는 점】 — 【끓 는 점】 —
【밀 도】 —
【존 재 도】 [지구] 0ppm
[우주] —
【존재 장소】 가속기에서 합성
【가 격】 —
【발 견 자】 유리 오가네시안(러시아) 연구팀, 켄 무디(미국) 연구팀
【발견 연도】 1999년

원소 이름의 유래

새로운 원소를 발견한 연구소 이름

발견 당시 일화

원자 3개가 합성되었다.

지각에 포함된 비율 인공원소

모스코븀
Moscovium

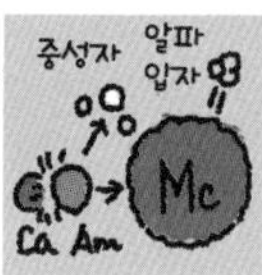

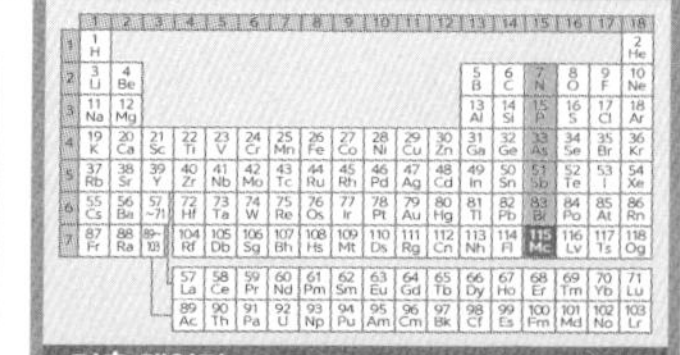

가속기에서 아메리슘에 칼슘을 충돌시켜 합성된 원소다. 이때 모스코븀이 붕괴하면서 니호늄도 동시에 관측되었다.

이 실험은 2003년 러시아와 미국의 공동 연구팀이 실시했다. 원소 이름은 실험 장소인 두브나 합동원자핵연구소가 있는 러시아 모스크바 주에서 유래한다. 2004년에는 스웨덴 연구팀도 발견에 성공했다.

기초 데이터

【양성자 수】 115 【가전자 수】 –
【원 자 량】 (290)
【녹 는 점】 – 【끓 는 점】 –
【밀 도】 –
【존 재 도】 [지구] 0ppm
[우주] –
【존재 장소】 가속기에서 합성
【가 격】 –
【발 견 자】 러시아·미국 공동 연구팀
【발견 연도】 2003년

원소 이름의 유래

러시아 모스크바 주

발견 당시 일화

원자 7개가 만들어졌다.

리버모륨
Livermorium

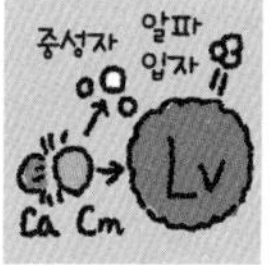

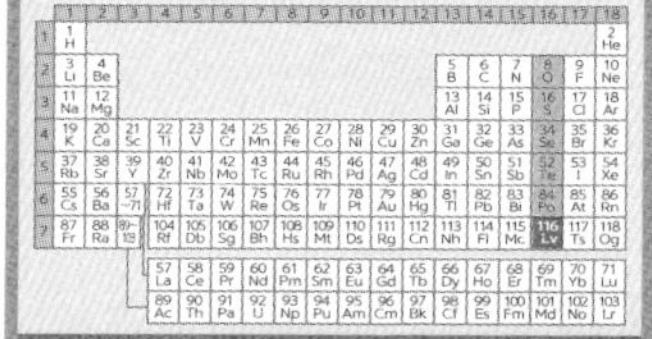

가속기에서 퀴륨에 칼슘을 충돌시켜 합성된 원소다. 이 원소는 1999년에 한 번 발표됐다가 데이터가 날조된 것으로 판명된다는 의혹이 있었다. 2000년 러시아와 미국의 공동 연구팀이 새로 발견하여 2012년 IUPAC에서 정식으로 원소 이름을 결정했다. 원소 이름은 공동 연구를 진행한 미국의 로렌스 리버모어 국립연구소에서 유래한다.

기초 데이터

【양성자 수】 116 【가전자 수】 6
【원 자 량】 (293)
【녹 는 점】 – 【끓 는 점】 –
【밀 도】 –
【존 재 도】 [지구] 0ppm
[우주] –
【존재 장소】 가속기에서 합성
【가 격】 –
【발 견 자】 오가네시안(러시아) 연구팀, 무디(미국) 연구팀
【발견 연도】 2000년

원소 이름의 유래

새로운 원소를 발견한 연구소가 있는 캘리포니아 주의 도시 리버모어

발견 당시 일화

원자 10개 이상이 만들어졌다.

금속(고체) 금속(액체) 비금속(고체) 비금속(액체) 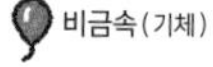 비금속(기체)

테네신 Tennessine

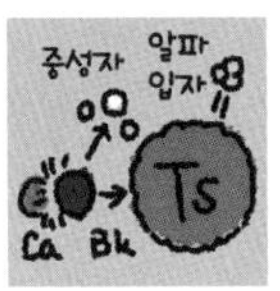

가속기에서 버클륨에 칼슘을 충돌시켜 합성된 원소다. 실험은 러시아 연구소가 주도했으나 버클륨이 주로 미국에서 합성되고 있었기 때문에 러시아로 버클륨을 공수해왔다. 두브나 합동 원자핵연구소에서 실시된 이 실험은 성공하기까지 7개월이 걸렸다. 원소 이름은 공동 연구기관 중 하나인 미국 오크리지 국립연구소가 있는 테네시 주에서 유래한다.

기초 데이터

【양성자 수】 117 【가전자 수】 –
【원 자 량】 (294)
【녹 는 점】 – 【끓 는 점】 –
【밀 도】 –
【존 재 도】 [지구] 0ppm
[우주] –
【존재 장소】 가속기에서 합성
【가 격】 –
【발 견 자】 러시아·미국 공동 연구팀
【발견 연도】 2010년

원소 이름의 유래

미국 테네시 주

발견 당시 일화

원자 6개가 만들어졌다.

오가네손 Oganesson

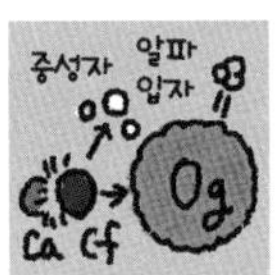

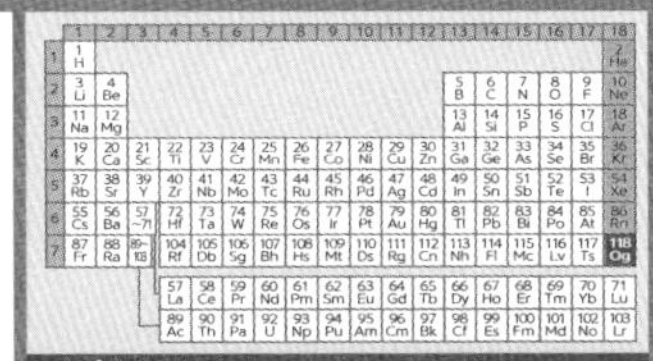

가속기에서 캘리포늄과 칼슘을 충돌시켜 합성된 원소다. 1000분의 1초보다 짧은 시간 안에 다른 원소로 붕괴돼버린다. 현재 발견된 원소 중에서는 가장 무거운 원소다. 러시아와 미국의 공동 연구팀이 실험을 진행했다. 원소 이름은 러시아 연구팀의 리더 오가네시안의 이름에서 유래한다. 주기율표상 18족에 속하므로 다른 18족 원소처럼 어미에 '–on'이 붙었다.

기초 데이터

【양성자 수】 118 【가전자 수】 –
【원 자 량】 (294)
【녹 는 점】 –
【끓 는 점】 80±30℃(추정)
【밀 도】 13.65g/cm³(추정)
【존 재 도】 [지구] 0ppm
[우주] –
【존재 장소】 가속기에서 합성
【가 격】 –
【발 견 자】 러시아·미국 공동 연구팀
【발견 연도】 2002년

원소 이름의 유래

러시아 연구팀의 리더 유리 오가네시안

발견 당시 일화

원자 4개가 만들어졌다.

지각에 포함된 비율 인공원소

Staff

Editorial Management	기무라 나오유키
Editorial Staff	이데 아키라
Cover Design	미야카와 에리
Editorial Cooperation	주식회사 미와 기획(오쓰카 겐타로, 사사하라 요리코), 아라후네 요시타카

일러스트

3~7	하다 노노카
8~9	Newton Press, 요시마스 마리코
12~13	Newton Press, 요시마스 마리코
15	Newton Press, 하다 노노카
17	Newton Press, 요시마스 마리코
18~20	하다 노노카
23	기노시타 신이치로의 일러스트를 바탕으로 Newton Press 작성, 하다 노노카
24~25	Newton Press
26	하다 노노카
26~27	Newton Press
28~31	Newton Press
33	Newton Press
34~35	Newton Press
35	하다 노노카
36~37	Newton Press, 요시마스 마리코
39~40	하다 노노카
43~53	하다 노노카
55~63	하다 노노카
65~77	하다 노노카
79~107	하다 노노카
110~125	하다 노노카

감수

사쿠라이 히로무(교토약과대학 명예교수)

원본 기사 협력

오카베 도오루(도쿄대학 생산기술연구소 교수)
사쿠라이 히로무(교토약과대학 명예교수)
사마키 다케오(도쿄대학 강사, 전 호세이대학 교수)
다마오 고헤이(도요타화학연구소 소장)
후쿠야마 히데토시(도쿄이과대학 이사장 보좌, 총장 보좌)
모치즈키 유코(이화학연구소 니시나가속기연구센터 설빙우주과학연구개발실 실장)
모리타 고스케(규슈대학 이학연구원 물리학부문 교수, 이화학연구소 초중원소연구개발부 부장)

본서는 Newton 별책 『완전도해 주기율표 제2판』의 기사를 일부 발췌하고 대폭적으로 추가·재편집을 하였습니다.

지식 제로에서 시작하는 과학 개념 따라잡기

주기율표의 핵심

118개의 원소가
완벽하게 이해되는
최고의 주기율표
안내서!!

화학의 핵심

고등학교 3년 동안의
화학의 핵심이
완벽하게 이해되는
최고의 안내서!!

물리의 핵심

고등학교 3년 동안의
물리의 핵심이
완벽하게 이해되는
최고의 안내서!!

지식 제로에서 시작하는
과학 개념 따라잡기

주기율표의 핵심

1판 1쇄 찍은날 2021년 2월 24일
1판 2쇄 펴낸날 2023년 4월 15일

지은이 | Newton Press
옮긴이 | 전화윤
펴낸이 | 정종호
펴낸곳 | 청어람e

편집 | 홍선영
마케팅 | 강유은
제작·관리 | 정수진
인쇄·제본 | (주)에스제이피앤비

등록 | 1998년 12월 8일 제22-1469호
주소 | 04045 서울특별시 마포구 양화로56(서교동, 동양한강트레벨) 1122호
이메일 | chungaram_e@naver.com
전화 | 02-3143-4006~8
팩스 | 02-3143-4003

ISBN 979-11-5871-165-8
979-11-5871-164-1 44400(세트번호)

잘못된 책은 구입하신 서점에서 바꾸어 드립니다.
값은 뒤표지에 있습니다.